养牛与牛病防治

（修订版）

韩 刚 编著

金 盾 出 版 社

内 容 提 要

本书介绍了不同生产方向、不同品种牛的体型外貌、生产性能、繁殖育种、营养需要与饲料、饲养管理、牛场建设、产品利用、疾病防治等方面的基础理论和基本知识。本书介绍的技术先进实用，叙述简洁明了，通俗易懂，适于养牛人员和畜牧兽医科技工作者阅读应用。

图书在版编目(CIP)数据

养牛与牛病防治/韩刚编著．—修订版．—北京：金盾出版社，1999.7(2019.10 重印)

ISBN 978-7-5082-0948-7

Ⅰ.①养… Ⅱ.①韩… Ⅲ.①养牛学②牛病—防治 Ⅳ.①S823

中国版本图书馆 CIP 数据核字(1999)第 18997 号

金盾出版社出版、总发行

北京市太平路 5 号(地铁万寿路站往南)

邮政编码：100036 电话：68214039 83219215

传真：68276683 网址：www.jdcbs.cn

北京印刷一厂印刷、装订

各地新华书店经销

开本：787×1092 1/32 印张：5 字数：110 千字

2019 年 10 月修订版第 43 次印刷

印数：727 001～730 000 册 定价：15.00 元

前　言

牛按其生产方向，有乳用、肉用、役用和兼用品种之分。牛与人类争粮较少，又是将粗饲料转化为动物蛋白质效率最高的草食畜，也是当今饲养的重要家畜之一。大力发展养牛生产，可以获得人类生活所需的奶、肉、皮、骨等产品，还可为农业生产提供有机肥料和动力。

随着经济的发展，人民生活水平的提高，不仅需要较多的奶和肉，而且对奶、肉质量的要求也在提高。为普及养牛知识，促进养牛事业的发展，笔者于1986年写了《养牛与牛病防治》一书，得到广大读者的喜爱，很受鼓舞。为适应我国养牛生产不断发展的需要，普及养牛科学知识，笔者又在《养牛与牛病防治》第一版的基础上，作了适当的修改补充，同时增加了部分新的内容。由于经验不足，水平有限，书中仍会有不当之处，恳望读者指正。

编著者

1999年4月

目　录

第一章　概　述

第一节　养牛的好处

牛是草食动物。由于它具有特殊结构的胃和异常的消化功能，所以能够充分利用青粗饲料和农副产品，将其转化为人类生活所需要的奶和肉以及其他的畜产品。

牛奶营养完善，容易被人体消化吸收(鲜奶的消化率为95%～98%)。牛肉是一种高蛋白质、低脂肪、少胆固醇的肉食。牛肉的蛋白质中含有丰富的人体必需氨基酸。在谷类中较缺的赖氨酸，在牛肉、牛奶中含量较多。

牛是农家之宝。在我国农业机械化尚未完全实现之前，牛是发展农业生产的重要动力。牛的粪是种植业有机肥料的重要来源之一。虽然牛粪所含氮、磷、钾的百分比较低，但牛是复胃动物，食量大，每天排泄的粪便量比其他家畜多，一年中所产的氮、磷、钾总量相应地多。平均每头耕牛的粪肥可肥田0.133～0.269公顷，每头奶牛的粪肥可肥田0.267～0.4公顷(见表1)。

牛的副产品，如皮、骨、毛、角、内脏、血液等，在轻工、医药业中广为利用，为轻工业和医药业的重要原料。

由此可见，大力发展养牛业，对改善人民的食物结构，提高人民的生活水平，增加经济收入，均有重要的意义。

牛具有耐粗饲、适应性强、发病较少、性情温顺、易于管理等特点。只要有足够质地良好的草料，加上饲养得当，管理科学，便能把牛养好，并能使养牛生产得到不断的发展。

表1 各种家畜粪肥量及其成分比较

畜别	日产粪肥量（千克）	年产粪肥量（千克）	粪便成分（%）					氮磷钾含量（%）	年产氮、磷钾总量（千克）
			水分	有机质	氮	磷	钾		
牛	29.64	10818.6	77.5	20.3	0.34	0.16	0.40	0.90	97.37
马	13.14	4796	71.3	25.4	0.53	0.28	0.53	1.34	64.27
猪	6.25	2281	72.4	25.0	0.45	0.19	0.60	1.24	28.29
羊	1.30	475	64.6	31.6	0.83	0.23	0.69	1.73	8.21

第二节 养牛业概况

一、我国养牛业概况

我国养牛业已有几千年的历史。据考古资料，我国在公元前7000年左右便开始养牛，当时养牛仅为食肉。到黄帝时代开始用牛驾车，西周时期用牛耕田，春秋战国时期，我国有了铁制农具，便用牛犁耕作。从此，牛就成为农业生产上的主要役畜。

我国养牛业由于历史悠久，饲养普遍，不仅积累了丰富的饲养管理经验，还选育出不少优良品种，如秦川牛、南阳牛、鲁西黄牛、延边牛、晋南牛等，为我国黄牛的五大良种。

中华人民共和国成立后，由于党和政府的领导和重视，我国养牛业得到迅速的恢复和蓬勃的发展。1952年全国有牛5 660万头，1957年6 373.16万头，比1952年增加12.6%；1979年有牛7 134.6万头，比1957年增加11.95%；1982年达7 360万头（其中水牛1 900万头，牦牛1 200万头），比1979

年增加3.16%。改革开放后,随着农业机械化水平的提高和人民食物结构的变化,对牛奶、牛肉的需求量逐年增加,从而推动了我国传统养牛业向商品养牛业转变。1993年全国有牛8246万头,居世界第四位,水牛2222万头,居世界第二位,奶牛342万头,居世界第五位,牦牛居世界首位。许多农场(或畜牧场)的奶牛,个体平均年产奶量超过6000千克,有些已达7000千克,年产奶量超过1万千克的亦为数不少,年产奶量高达16000千克的奶牛也已出现。

我国已成立了全国黄牛协会、中国水牛协会、中国奶牛协会等有关组织,对黄牛、水牛、奶牛的生理、生化、营养需要、繁殖改良、遗传等方面进行了研究。此外,我国许多地方还建立了商品牛生产基地,开展黄牛改良工作,并取得了很好的效果。

二、国外养牛业概况

近年来,国外养牛业在牛的数量和质量上均有显著的发展和提高。全世界大概有牛12.78亿头,其中奶牛2.24亿头,水牛1.49亿头。世界上养牛数量最多的国家是印度,其次是巴西和美国。养奶牛较多的国家是印度、巴西、美国;养水牛较多的国家是印度、中国、巴基斯坦。目前,除少数奶牛业较为发达的国家有减少奶牛头数、提高单产的趋势外,大多数国家的奶牛和肉牛都在发展。当前世界上最高产奶水平是1头母牛305天产奶量达22870千克,平均日产75千克。肉牛的生产水平是经过肥育的肉牛,日增重1.5～2千克,1周岁体重达500千克,每头存栏牛年产肉量达101千克,每增重1千克约需混合饲料3.8千克。

目前,国外发展养牛业的特点是:养牛业逐渐向专业化、工厂化发展,同时不断提高机械化和自动化水平。役用牛则逐步向乳用、肉用或兼用方向过渡,而且通过杂交改良,改善饲养管理,提高其生产性能。奶牛偏重于发展产奶量较高的荷兰牛(即原黑白花牛),肉牛则倾向于饲养体型大、瘦肉多、生长快、饲料报酬高的品种。

第二章　牛的品种

牛在不同的自然条件和饲养条件下，经人类长期的选育，已形成了许多具有不同生物学特性和生产方向的品种。从生物学上分有黄牛、水牛、牦牛和瘤牛，按生产方向分有乳用、肉用、役用及兼用品种。

第一节　奶牛品种

一、荷　兰　牛

（一）原产地　原产于荷兰，故称为荷兰牛。因其毛色为黑白花片，所以又称为黑白花牛。黑白花牛风土驯化能力强，世界各国都有引进饲养，并经长期的风土驯化和系统的繁育，或同当地牛进行杂交，而育成较适应当地环境条件，且各具特点的黑白花牛。

（二）外貌特征　体型高大，结构匀称，头清秀，皮薄，皮下脂肪少，被毛细短，毛色为明显的黑白花片，后躯较前躯发达，乳房大而丰满，乳静脉粗而且弯曲。成年公牛体高 143～147 厘米，体长 190 厘米，胸围 226 厘米，管围 27 厘米，体重 900～1 200 千克；母牛体高 130～135 厘米，体长 170 厘米，胸围 195 厘米，管围 19 厘米，体重 650～750 千克。

（三）生产性能　黑白花牛分为奶用和奶肉兼用两种类型。奶用黑白花牛产奶量在奶用牛品种中最高。一般年平均产奶量为 5 000～6 000 千克，乳脂率 3.6%～3.7%。奶肉兼用的黑白花牛，年平均产奶量比奶用的低 1 000～2 000 千克，乳脂率约4%。兼用黑白花牛的产肉性能颇好，屠宰率可达55%～60%。

黑白花牛具有体型高大，产奶量高，母牛性情温顺，易于管理的特点。但不耐热，抗病力较弱。

二、中国黑白花牛

（一）产地 中国黑白花牛现改名为中国荷斯坦牛，它是由世界许多国家引进的黑白花牛、小荷兰牛、爱尔夏牛、娟姗牛、更赛牛、西门塔尔牛、瑞士褐牛、柯斯特罗姆牛和雅罗斯拉夫牛与我国本地黄牛进行杂交改良，经过多年选育而形成的，是我国培育的奶牛品种，目前分布在全国各地。由于来源复杂，类型不一，加上各地饲养管理及育种条件不同，故生产性能和体型外貌并非一致。

（二）外貌特征 具有明显的乳用特征。毛色为黑白花，额部多数有白斑，角体蜡黄，角尖黑色，体质结实，结构匀称，乳房大，附着好，乳头大小适中，分布均匀，乳静脉大而弯曲。成年公牛体高150厘米，体重850～1 000千克；母牛体高129～133厘米，体重600～700千克。

（三）生产性能 中国荷斯坦牛产奶性能好，母牛年平均产奶量为4 500～6 000千克，含脂率3.5%，305天个体最高产奶量达16 000千克。性成熟早，有良好的繁殖性能，适应性强，饲料利用率高，但耐热性尚差。

三、娟 姗 牛

（一）原产地 原产于英吉利海峡的娟姗岛，目前分布于美国、加拿大、新西兰、澳大利亚等国。

（二）外貌特征 娟姗牛为小型奶用品种。体型小，头小而清秀，额部凹陷，两眼突出，乳房发育良好，毛色为不同深浅的褐色。成年公牛体高 123～130 厘米，体重 500～700 千克；母牛体高 113.5 厘米，体重 350～450 千克。

（三）生产性能 娟姗牛产奶量不很高，年平均产奶量为 3 000～3 500 千克，但以乳脂率高而著称于世，平均乳脂率为 5%～6%，乳脂色黄，风味良好。

娟姗牛性成熟较早，一般 15～16 月龄便开始配种。较耐热，适于热带、亚热带气候条件下饲养。

第二节　肉牛品种

一、海福特牛

（一）原产地 原产地为英国西南部的海福特郡，是世界著名的中小型早熟肉用牛品种。海福特牛具有广泛的适应性，所以世界各地均有饲养 。我国解放前曾有少量引入，解放后于 1965 年先后引进几批海福特牛。目前我国许多地区都有饲养。

（二）外貌特征 头短额宽，颈短厚，体躯宽深，前胸发达，肌肉丰满，四肢粗短，被毛为暗红色，有“六白”的特征，即头、颈垂、鬐甲、腹下、四肢下部及尾帚为白色。成年公牛体高 134.4 厘米，体重 850～1 100 千克；母牛体高 126 厘米，体重 600～700 千克。

（三）生产性能 据加拿大肉牛生产协会报道，在 140 天内平均日增重 1.31 千克，周岁体重达 415.9 千克，540 天体重 720 千克，一般屠宰率为 60%～65%，肉质柔嫩多汁，美味可口。

海福特牛具有早熟、生长快，饲料报酬高、屠体瘦肉多、肉质好,耐粗饲、抗病和牧饲性强、性情温顺的特点。但肢蹄不佳,公牛有跛行或单睾现象。它与我国本地黄牛杂交,有一定效果。

二、夏洛来牛

(一) 原产地 原产于法国的夏洛来地区及涅夫勒省。以体型大、生长快、瘦肉多、饲料转化率高而著名。我国1964年从法国引进夏洛来牛,主要分布于北方地区。

(二) 外貌特征 体型高大,毛白色或乳白色,头小而短,全身肌肉发达。成年公牛体高平均142厘米,体重1 100～1 200千克;母牛体高132厘米,体重700～800千克。

(三) 生产性能 夏洛来牛产肉性能好,肉品质好,屠体瘦肉多,肉嫩味美。屠宰率一般为60%～70%,胴体净肉率为80%～85%。夏洛来牛适宜放牧饲养,耐寒,耐粗饲,对环境条件适应性强,与我国本地黄牛杂交效果好。

三、抗旱王牛

(一) 原产地 原产于澳大利亚昆士兰州北部,也称耐旱肉牛。我国南方地区有饲养。

(二) 外貌特征 体型大,体躯较长,耳中等大,垂皮长,略有瘤峰,被毛光亮,毛为红色,肌肉丰满。分为有角与无角两种。成年公牛体重950～1 150千克,母牛为600～700千克。

(三) 生产性能 生长快,出肉率高,耐热,耐粗饲,繁殖力强,适于热带、亚热带地区饲养。

四、安格斯牛

（一）原产地 原产于英格兰的阿伯丁和安格斯地区，故又称为阿伯丁-安格斯牛，是早熟的中小型肉用牛品种。许多国家都有引进饲养，我国 1974 年从英国和澳大利亚引入饲养，主要分布在北方各地。

（二）外貌特征 头小额宽，背腰平直，臀部发育良好，四肢短，皮薄而有弹性，全身被毛黑色，有光泽。成年公牛体重 800～900 千克，母牛 500～600 千克。

（三）生产性能 早熟、胴体品质好，肉嫩味美，出肉率高。屠宰率一般在 60%～65%。安格斯牛性情温顺，耐粗饲，繁殖力强，很少难产，适于放牧饲养。

五、利木赞牛

（一）原产地 原产于法国中部的上维埃纳、克勒兹和科留兹等省。是欧洲重要的大型肉用牛品种。我国于 1974 年从法国引入饲养，主要分布在北方地区。

（二）外貌特征 体型高大，头短额宽，肌肉丰满，被毛为黄红色，深浅不一。成年公牛体高 140 厘米，体长 172 厘米，体重 950～1 200 千克；母牛体高 130 厘米，体长 157 厘米，体重 600～800 千克。

（三）生产性能 生长发育快，早熟，产肉性能高，肉品质好，肉嫩，瘦肉多而脂肪少。屠宰率一般为 63%～71%。利木赞牛性情温顺，适应性强，耐粗饲，适宜放牧饲养。

六、皮埃蒙特牛

（一）原产地 原产于意大利波河平原的皮埃蒙特地区，

我国于1986年先后引进意大利皮埃蒙特公牛冻精试管及冻胚。目前种牛主要饲养在河南和北京地区。

(二) 外貌特征 体型中等大小,皮薄骨细,双肌肉型明显,全身肌肉丰满,后躯特别发达,被毛灰白色。成年公牛体高140厘米,体重800千克;母牛体高130厘米,体重500千克。

(三) 生产性能 早期增重快,皮下脂肪少,肉质好。经育肥的皮埃蒙特牛屠宰率为70%~73%,净肉率66%,瘦肉率达84%。易发生难产为本品种的缺点。

第三节　兼用牛品种

一、西门塔尔牛

(一) 原产地 原产地为瑞士西部的阿尔卑斯山区河谷地带,而以伯尔尼州平原地区所产的品质最好。西门塔尔牛原是瑞士奶、肉、役三用品种,在世界各地分布很广,我国主要分布在北方各地,南方个别省也有饲养。

(二) 外貌特征 体格粗壮,结实,身躯长,肌肉丰满,四肢粗壮,乳房发育中等。泌乳力强,被毛浓厚,额部和颈上部有卷毛,毛色多为黄白花或红白花。腹、腿和尾帚为白色,鼻镜、眼睑为粉红色。成年公牛体重1000~1300千克,母牛为650~800千克。

(三) 生产性能 西门塔尔牛产奶和产肉性能都好,年平均产奶量为4000~5000千克,乳脂率为3.9%,屠体瘦肉多,脂肪少,肉质好,屠宰率为55%~60%。

西门塔尔牛性情温顺,耐粗饲,适应性好,适于放牧饲养。

二、辛地红牛

（一）原产地 原产于巴基斯坦的辛地省，是巴基斯坦和印度著名的奶、役兼用品种。它分布于热带和亚热带地区，我国南方一些地区有饲养。

（二）外貌特征 体型紧凑，被毛细短而光滑，多为暗红色，也有深浅不同的褐色。头稍长，额凸，耳较大且向前下垂，颈垂特别发达。公牛的包皮较长且下垂，肩峰高且宽大，体躯肌肉丰满，尻斜，而且狭窄。母牛乳房发育良好，乳头中等大小，乳腺较发达。成年公牛体重 400～500 千克，母牛 300～400 千克。

（三）生产性能 辛地红牛的生产性能随饲养条件不同而有差异。我国饲养的辛地红牛，在终年游牧的条件下，300 天产奶期平均产奶量为 1 000 千克，最高达 1 500 千克，饲养好的可达 1 800～2 495 千克，最高达 3 100 千克，乳脂率 4.8%左右。

辛地红牛耐粗饲，耐热，对焦虫病有较强的抵抗力。胆小易惊，离群后不易控制，繁殖力较低。

三、丹麦红牛

（一）原产地 原产于丹麦，为乳、肉兼用品种，并以产奶量、乳脂率、乳蛋白率高而著名。我国 1984 年从丹麦引进，对改良我国黄牛有良好的效果。

（二）外貌特征 体型大，体躯深、长，胸宽，背腰宽平，尻部宽长，全身肌肉发育中等，后躯发育良好。皮薄而有弹性，毛色为红色或深红色，鼻镜为灰色。成年公牛体重 1 000～1 300 千克，母牛 650 千克。

（三）生产性能 产肉性能好，屠宰率为57%，胴体瘦肉率65%～72%；305天产奶量为4 000～5 500千克，乳脂率4.2%，乳蛋白率3.2%。

丹麦红牛性成熟早，生长快，抗结核病的能力强。

四、中国草原红牛

（一）原产地 原产于吉林、辽宁、河北及内蒙古等地。分乳、肉兼用和肉、乳兼用两种类型。

（二）外貌特征 头清秀，大小适中。角细短，向上弯曲，呈蜡黄色，胸宽深，背腰平直，全身肌肉丰满，乳房发育良好。被毛为深红色。成年公牛体重825千克，母牛482千克。

（三）生产性能 年平均产奶量为2 000～2 500千克，最高个体产奶量达4 500千克，乳脂率4%。产肉性能较好，肉质地好，屠宰率50%以上，净肉率42%。

中国草原红牛耐粗饲，适应性强。

五、三　河　牛

（一）原产地 原产于中国内蒙古呼伦贝尔盟大兴安岭西麓的额尔古纳右旗的三河（根河、得尔布尔河、哈布尔河）地区。

（二）外貌特征 体型高大，结构匀称，肌肉发达，乳房发育良好。毛色大多数为红（黄）白花。成年公牛体重1 050千克，母牛550千克。

（三）生产性能 泌乳期305天，平均产奶量为2 800千克，乳脂率4%以上。产肉性能良好，瘦肉率高，肉质好，屠宰率为50%～55%，净肉率45%～48%。

三河牛适应性强，耐粗饲，耐高寒，抗病力强，宜放牧饲养。

第四节　我国黄牛品种

我国黄牛品种多，分布广，各省均有饲养。我国黄牛具有耐粗饲，抗病力强，性情温顺，适应性好的特点。其体型大小和生产性能，因产地条件不同而有差异。大型者体重可达600～700千克，小型者体重仅有200～250千克。

我国黄牛按其产地的不同，可分为北方牛、中原牛和南方牛三大类型。北方牛包括蒙古牛、哈萨克牛和延边牛，中原牛包括秦川牛、南阳牛、鲁西牛、晋南牛等，南方牛包括南方各省、自治区的黄牛品种。

一、蒙　古　牛

（一）原产地　蒙古牛产于内蒙古高原地区。其主要产地以兴安岭东西两麓为主，而以产于锡林郭勒盟东、西乌珠穆沁旗的牛最为著名。

（二）外貌特征　蒙古牛体格大小中等，毛色以黄褐色及黑色居多，其次为红白花或黑白花。头短宽而粗重，额稍凹陷，角向上前方弯曲，角质细致，颈短而薄，肉垂小，鬐甲低平，背腰平直，尻部倾斜，四肢粗壮，蹄质坚实。成年公牛体重为450千克，母牛350千克。

（三）生产性能　蒙古牛具有肉、奶、役多种用途，但生产性能平均不高。产肉性能依产区牧草和季节等情况相差较大，8月下旬蒙古牛的屠宰率为51.5%，4月下旬仅为40.2%。泌乳期短，平均年产奶量约为660千克，含脂率5%左右。

蒙古牛具有耐热、抗寒、耐粗饲、耐劳、适应性强的特点。

阉牛拉铁轮大车载重 400 千克,在平坦道路上可日行 20～30 千米。

二、秦 川 牛

(一) 原产地 秦川牛产于陕西省渭河流域的关中平原地区。

(二) 外貌特征 秦川牛体型高大,头部大小适中,公牛颈粗短,颈峰隆起,垂皮发达,骨骼粗壮,肌肉丰厚,全身被毛细致而有光泽,毛色以紫红色和红色居多,四肢粗大,蹄质坚实。成年公牛体重 500～700 千克,母牛 400～450 千克。

(三) 生产性能 秦川牛生长快,瘦肉率高,肉质细嫩,屠宰率 50%,净肉率 50%。挽力大,步伐快,公牛最大挽力占体重的 60%～70%,挽车的最高载重量为 2 500～3 500 千克。

三、南 阳 牛

(一) 原产地 南阳牛产于河南省西南部的南阳地区。

(二) 外貌特征 体格较高大,肌肉丰满,骨骼结实,胸深而宽,背腰宽大,发育匀称,肢势正直,蹄圆大而坚实。公牛头部雄壮方正,母牛清秀。毛色以红黄及草白居多。成年公牛体重为 450～600 千克,母牛 350～400 千克。

(三) 生产性能 南阳牛产肉性能良好,屠宰率为 55%,净肉率 46%,肉质细嫩。南阳牛最大挽力,公牛占体重的 74%,母牛占体重 64%。

四、延 边 牛

(一) 原产地 延边牛产于朝鲜半岛及中国延边朝鲜族自治州,分布于吉林、辽宁及黑龙江等地。

（二）外貌特征　体质粗壮结实，背腰平直，四肢较高，蹄质坚实。毛色多为黄色。成年公牛体重 450 千克，母牛 380 千克。

（三）生产性能　延边牛产肉性能良好，易于肥育，肉质细嫩，屠宰率为 40%～45%。泌乳期 6 个月，产奶量为 500～650 千克，乳脂率 5.5%。延边牛役用性能好，最大挽力公牛为 450 千克，母牛 250 千克。

五、晋　南　牛

（一）原产地　原产于山西省南部，主要分布在山西运城、临汾两地区。

（二）外貌特征　体型较大，骨骼粗壮，肌肉发达。被毛为枣红色或红色。成年公牛体重 550～680 千克，母牛 300～480 千克。

（三）生产性能　晋南牛生长快，瘦肉率高，肉质好，屠宰率为 56%～60%，净肉率 50%～52%。泌乳期 8 个月，产乳量约为 740 千克，乳脂率 5.5%～6.0%。役用性能较好，持久耐劳，平均挽力占体重的 55%左右。

六、鲁西黄牛

（一）原产地　原产于山东省西部黄河以南及运河以西一带。

（二）外貌特征　体躯高大、粗壮，背腰宽广，肩峰高，垂皮发达。被毛有棕色、深黄、黄色和浅黄色，其中以黄色居多。成年公牛体重 400～600 千克，母牛 250～400 千克。

（三）生产性能　产肉性能好，皮薄骨细，肉质细嫩。经育肥后，屠宰率可达 58%，净肉率 49%。最大挽力约为体重的50%～60%。

七、海南黄牛

（一）原产地 原产于海南省西北部的琼山、定安、儋州和澄迈等地。

（二）外貌特征 体型呈长方形，结构匀称，肌肉丰满，具有小型肉用牛特征。肩峰隆起似瘤牛的瘤峰，公牛肩峰高12～15厘米，母牛肩峰较低。背腰平直，腹大而不下垂。毛色以棕色和黄色居多。成年公牛体重300千克，母牛250千克。

（三）生产性能 产肉性能好，肉质细嫩，屠宰率为46%，净肉率33.8%。海南黄牛役用性能也较好，耐粗饲、耐热，抗病力强。

第五节 水牛品种

一、中国水牛

（一）原产地 我国水牛属于沼泽型水牛，主要分布在淮河以南的水稻产区，而以四川、广东、广西、湖南、湖北及云南等地这种水牛较多。

（二）外貌特征 骨骼粗大，肌肉发达，体躯稍短而低矮，前躯发达，尻稍斜，四肢粗短，蹄圆大结实。被毛稀疏，色为黑色或青黑，白色较少。成年公牛体重450～800千克，母牛400～600千克。

（三）生产性能 我国水牛无论产奶、产肉和役用都有很大的潜力。肌肉发达，生长快，24月龄公牛体重为225千克，母牛229千克。屠宰率一般在40%～48%，净肉率为30%～39%。我国水牛一个泌乳期产奶量为600～800千克，高的可达1 200～1 500千克，乳脂率7%～12%。水牛乳干物质含量较高，适于加工乳制品。我国水牛的挽力大(一般较黄牛约大50%)，持久力强，利用年限长，对粗饲料利用能力强，但性成熟稍晚。

二、摩拉水牛

(一) 原产地 摩拉水牛也称印度水牛。原产于印度的哈里阿那地区，是世界上著名的乳用型水牛品种。我国南方各地均有饲养。

(二) 外貌特征 体型高大，皮薄而软，富有光泽，被毛稀疏，皮肤和被毛黝黑。头小，前额稍为突出，角短，呈螺旋状，胸宽深，发育良好，臀宽，尻偏斜，四肢粗壮，蹄质坚实，乳房发达，乳静脉弯曲明显。成年公牛体重450～800千克，母牛350～700千克。

(三) 生产性能 摩拉水牛以产奶性能高而著称，在原产地年平均产奶量为1 500～2 000千克，最高达4 500千克，乳脂率7%～7.5%。引入我国的摩拉水牛，成年母牛1个泌乳期平均产奶量为1 300千克，最高达3 200千克，乳脂率6%。摩拉水牛与我国本地水牛杂交的杂种，体型较本地水牛大，生长发育快，役力强，产奶性能高。

摩拉水牛具有体型高大，产奶量高，役力大，耐粗饲，耐热，抗病力强等优点。但集群性强，性较敏感，下奶稍难。

三、尼里-瑞菲水牛

(一) 原产地 尼里-瑞菲水牛，简称为尼里水牛，原产于巴基斯坦的萨特里基河和瑞菲河沿岸，是巴基斯坦较好的乳用水牛品种。目前在我国的广西、湖北、广东、江苏、安徽等地都有饲养。

（二）外貌特征　尼里水牛外貌近似摩拉水牛，被毛皮肤黑色或棕色，角短且弯曲，头长，鼻梁和前额骨突起，玉石眼，鼻孔开张。前额、脸部、鼻端、四肢下部有白斑，尾帚为白色。乳房发达，乳头长而分布均匀，乳静脉明显。成年公牛体重800千克，母牛600千克。

（三）生产性能　尼里水牛以产奶量高而闻名，据报道，305天泌乳期平均产奶量为2 000～2 700千克，高者可达3 200～4 000千克，乳脂率6.9%。

尼里水牛肌肉较丰富，性情温顺，合群性强，耐粗饲，牧饲性强。它与我国本地水牛杂交效果较好。

第三章　牛的体型外貌与生产力

第一节　体型外貌与生产性能的关系

外貌是体躯结构的外部表现。外部表现又是以内部器官的发育程度为基础的。不同用途的牛具有不同的体型外貌。例如,役用牛具有骨骼结实、肌肉发达和强壮有力的四肢,奶牛有发达的泌乳器官,肉牛则有宽深而肌肉丰满的体躯。

动物有机体是一个统一的整体。体型外貌在一定程度上能反映其器官功能、生产性能和健康状况。例如,体型外貌好的奶牛其产奶性能多数也是好的。但也有外貌好的奶牛生产性能并非很好,这表明外貌与生产性能之间有着密切的关系,但又并非绝对的相关。因为生产性能不仅受遗传基因的制约,而且也受外界环境条件的影响。如奶牛的泌乳性能,除了与乳腺的外部形态和结构有关外,还受其本身的分泌功能、消化、循环以及外界条件(饲料、饲养管理、气候等)的影响。耕牛役力的大小,既与四肢粗壮、肌肉发达和体躯各部结合情况有关,也与消化、呼吸、血液循环系统是否发达有关。而这些内在结构及其特性不可能完全在外貌上表现出来。所以体型外貌与生产性能、健康状况有密切关系,但不是绝对的。外貌可作为选牛时的参考,但不是唯一的标准。

有的人在“相牛”时以毛色和旋毛的位置来鉴别牛的优劣,这是不可靠的。毛色虽为品种特征之一,但它与生产性能的关系不大。挑选牛只,主要是根据其与生产力相关的表现(即体型外貌、整体结构、生产性能、繁殖能力、适应性等)、祖先以及后代的情况。

第二节 牛体各部位的名称

为了鉴别时掌握牛体各部位的名称，现附图说明如下（图 1）。

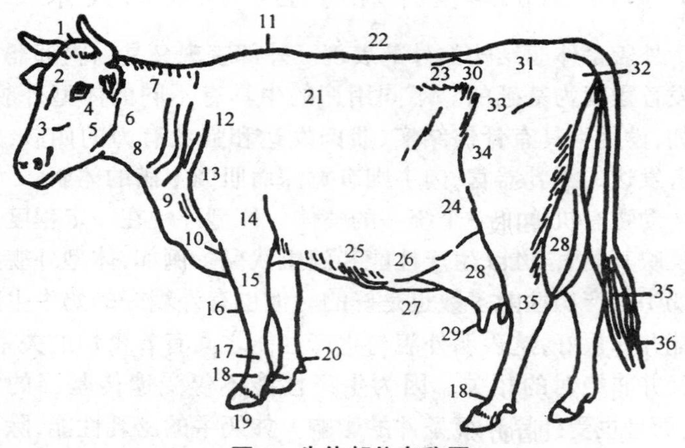

图 1 牛体部位名称图

1. 头顶 2. 额 3. 鼻梁与脸 4. 颊 5. 下颌 6. 颈 7. 后颈 8. 喉 9. 垂皮 10. 前胸 11. 鬐甲 12. 肩 13. 肩端 14. 肘 15. 前臂 16. 腕 17. 管 18. 系 19. 蹄 20. 小蹄 21. 肋骨部 22. 背 23. 腰部 24. 后肋 25. 乳井 26. 乳静脉 27. 脐 28. 乳房 29. 乳头 30. 髋结节 31. 荐 32. 坐骨结节 33. 股 34. 膝关节 35. 跗关节 36. 尾帚

牛的体躯可分为头颈、前躯、中躯和后躯四部分。

①头颈：以耳根至下颚后缘的连线为界，此线之前为头；从头部后至鬐甲和肩端的连线之间为颈部。

②前躯：颈部之后至肩胛骨后缘垂直切线之间为前躯，包括鬐甲、前肢、胸等。

③中躯：肩胛骨后缘垂直切线之后至腰角前缘垂直切线之间为中躯，包括背、腰、腹等部位。

④后躯：腰角前缘垂直切线之后为后躯，包括尻、臀、后肢、尾、乳房、生殖器官等。

第三节　不同用途牛的外貌特点

一、奶牛的外貌特点

奶用牛是以产奶为主，它的外貌形态有别于耕牛和肉用牛。其特点是头清秀，胸宽深，背腰平直，腹围大而不下垂。尻部宽、长、平，四肢端正、结实。乳房大，乳腺组织发育良好，四个乳区发育均匀对称，四个乳头排列整齐，大小、长短适中，呈圆柱状，乳头间距宽，乳房皮薄柔软，被毛细短，乳静脉粗大弯曲。

从奶牛整体来看，皮薄骨细，被毛短细、有光泽，全身肌肉不甚发达，皮下脂肪沉积不多，体质健壮、结实，胸腹宽深，后躯和乳房发达。

二、肉牛的外貌特点

肉用牛的外貌特点是头宽多肉，颈短而粗，胸宽而深，肋骨开张，多肉，鬐甲宽厚，背腰和尻部宽广。四肢短直，皮肤柔软、有弹性，全身各部位肌肉丰满，整个牛体近似长方形或圆桶状。

三、役牛的外貌特点

优良役牛外形上的表现是嘴大、鼻大，眼大有神。嘴大则能粗饲，鼻大呼吸器官发达，较耐劳，眼大有神，健康灵活。俗话说“个大力不亏”,体重和体型大、骨骼粗壮、坚实,肌肉发达而结实的牛,耕作能力较强,挽力大。胸深而宽的牛,力气大,能持久。背腰宽、平直,有适当的长度。背长说明胸发达,劳役能持久,腰宜短宽,腰过长则软弱无力。腹围大,肋骨开张,其内部器官发达,消化吸收力强。四肢是支持躯干、负担体重及行走的部位,它的好坏与役力关系重大。四肢应健壮,肢势要正常,既不过长,也不太短。四肢过长,行走虽快,但步伐不稳,持久力小;相反四肢过短,运步虽稳,但行走缓慢。前肢正直,后肢稍弯。从牛的前面看,前肢遮住后肢,肢势既无内靠,也无外向。蹄底是着地的部位,四蹄圆大,蹄叉紧,质坚实,自然站立时四肢站得开,立得正,蹄间距宽。

役牛的体型是前躯较后躯强大,呈现前高后低。前高后低的牛便于役力发挥。俗话说:“前肩高一寸,使牛不用棍,前身低一掌,只听鞭棍响。”

以上是较好的役牛的体型外貌特点,可根据这些特点鉴别其优劣。

第四节　牛的外貌和年龄鉴别

一、牛的外貌鉴别

牛的外貌鉴别也叫外型鉴别,是评定牛优劣的方法之一。由于外形便于观察,同时外形也能一定程度上反映牛体的内部结构和生理功能,所以这种方法较普遍采用。古代的“相牛”和“相马”就是外形鉴别。外貌鉴别现多采用的是评分法。即根据不同用途将牛体各部位依其重要的程度给予一定的分数,总分为 100 分。评定时按外形的要求,分别评分,各部位的分数相加,便为该牛的总分数。然后按给分标准确定外貌等级。各类牛的外貌评分标准如下(表2,3,4,5,6)。

表2　我国良种黄牛外貌评分标准

项目		给满分标准	公牛		母牛	
			满分	评分	满分	评分
品种特征及整体结构		根据品种特征,要求全身被毛、眼圈、鼻镜、蹄等的颜色,角的形状、长短和色泽符合品种要求 体质结实,结构匀称,体躯宽深,发育良好,皮肤粗厚,毛细短、光亮,头型良好,公牛雄相,母牛俊秀	30		30	
躯干	前躯	公牛鬐甲高而宽,母牛较低但宽,胸部宽深,肋弯曲开张,肩长而斜	20		15	
	中躯	背腰平直、宽广,长短适中,结合良好,公牛腹部呈圆筒形,母牛腹大而不下垂	15		15	
	后躯	尻宽长而不过斜,肌肉丰满,公牛睾丸两侧对称,大小适中,副睾发育良好;母牛乳房呈球形,发育良好,乳头较长,排列整齐	15		20	
四肢		健壮结实,肢势良好,蹄大而圆,坚实,蹄缝紧,动作灵活有力,行走时后蹄落地能超过前蹄	20		20	
合计			100		100	

表3　黄牛外貌等级评定

性别	特级	一级	二级	三级
公牛	85分以上	80	75	70
母牛	80分以上	75	70	65

表4　水牛外貌评分标准

项目	给满分标准	公牛		母牛	
		满分	评分	满分	评分
整体结构	头型良好,体质结实,前躯高于后躯,结构匀称,体躯宽深,发育良好,毛色、体态、头型和角型等具有品种特征	30		30	
体躯	公牛鬐甲高而宽,母牛较低,肩长而斜,胸部宽深,肋骨长,弯曲良好,背腰宽广平直,长短适中,公牛腹部充实似圆筒,母牛腹大而不下垂,尻部肌肉发达、长宽而略斜。公牛睾丸大小适中且对称。母牛乳房呈球形,发育良好,乳头长短适中,排列对称	50		50	
四肢	肢势良好,健壮有力,行走时后蹄超前蹄,动作灵活稳健,蹄形正,质地坚实	20		20	
合计		100		100	

注:母牛后躯应比公牛标准多5分,而公牛前躯要比母牛多5分,体躯总分不变

表5　水牛外貌评分等级

性别	特级	一级	二级	三级
公牛	85分以上	80	75	70
母牛	80分以上	75	70	65

表6　中国黑白花母牛外貌评分标准

项目	给满分要求	标准分
一般外貌与乳用特征	①头、颈、鬐甲、后肢棱角和轮廓明显	15
	②皮肤薄而有弹性,毛细而有光泽	5
	③体高大而结实,各部位匀称,接结良好	5
	④毛色黑白花,界线分明	5
	小计	30

续表 6

项　目	给 满 分 要 求	标准分
体　躯	⑤长、宽、深	5
	⑥肋骨间距宽，长而开张	5
	⑦背腰平直	5
	⑧腹大而不下垂	5
	⑨尻长、平、宽	5
	小计	25
泌乳系统	⑩乳房形状好，向前后伸延，附着紧凑	12
	⑪乳腺发达，柔软而有弹性	6
	⑫前乳区中等长，四个乳区匀称，后乳区高，宽而圆，乳镜宽	6
	⑬乳头大小适中，垂直呈柱形，间距匀称	3
	⑭乳静脉弯曲而明显，乳井大，乳房静脉明显	3
	小计	30
肢　蹄	⑮前肢结实，肢势良好，关节明显，蹄形正，蹄质坚实，蹄底呈圆形	5
	⑯后肢结实，肢势良好，左右两肢间宽，系部有力，蹄形正，蹄质坚实，蹄底呈圆形	10
	小计	15
总　计		100

二、牛的测量鉴别

(一) 体尺测量　体尺测量是外貌鉴别的方法之一，它可以补充肉眼鉴别之不足。测量的部位，除研究牛的生长规律需测量较多的部位外，一般测量的部位是牛的体高、体斜长、体直长、胸围、胸宽、胸深、前管围，如果肉用牛则加测腿围(图2)。

1. 体高　体高也称髻甲高，是由髻甲最高点至地面的垂直距离(用丈尺测量)。

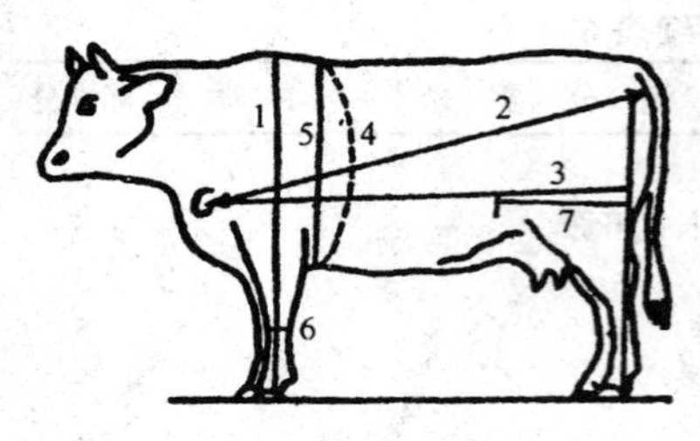

图 2　测量部位

1. 体高　2. 体斜长　3. 体直长
4. 胸围　5. 胸深　6. 前管围　7. 腿围

2. 体斜长　由肩胛骨前缘至坐骨结节后缘的距离(用卷尺测量)。

3. 体直长　从肩端至坐骨端后缘直线的水平距离(用丈尺测量)。

4. 胸围　肩胛后缘胸部的圆周长度(用卷尺测量)。

5. 胸宽　左右第六肋间的最大距离,即肩胛后缘左右两侧间的距离(用丈尺测量)。

6. 胸深　沿肩胛骨后方,从鬐甲到胸骨的垂直距离(用丈尺测量)。

7. 前管围　左前肢管骨上 1/3 最细处的水平周径长(用卷尺测量)。

8. 腿围　从右侧后膝前缘突起绕胫股间至对侧后膝前缘突起间的距离。应测量两次,取其平均值。这一体尺在肉用牛较重要,它是反映肌肉发育的指标。

(二) 活重估测　测量牛的活重,最准确的办法是用平台式地秤称重。犊牛每月测重 1 次,育成牛每 3 个月测重 1 次,成年牛在放牧前、后及第一、三、五胎产后 30～50 天各测重 1 次。由于牛的采食量大,为避免在不同情况下称重而造成误差,一般要求在早晨喂饮和放牧之前称重(奶牛则在挤奶后进行),并且连续两天在同一时间内称重,取其平均数,作为该次实测的活重。没有地秤则可采用估测法。由于牛的品种不同,体形结构有差异,个体营养状况不一,估测的活重必有误差。一般认为估重与实重相差不超过 5% 的便可采用,误差超过5%的则不能采用。

估测的方法很多，因各地条件不同，很难采用同一的方法。现将常用的几种方法简介如下，仅供参考。

估测方法1：体重(千克)＝胸围(米)^2×体斜长(米)×90(适用于乳牛或乳肉兼用牛)

估测方法2：体重(千克)＝胸围(厘米)^2×体斜长(厘米)÷10 800(适用于黄牛)

估测方法3：体重(千克)＝胸围(厘米)^2×体斜长(厘米)÷12 700(适用水牛)

估测方法4：体重(千克)＝胸围(厘米)^2×体斜长(厘米)÷系数(适用于改良牛，6月龄系数为12 500，18月龄系数为12 000)

犊牛断奶体重的估算，统一以180天计算，不足或超过180天的均按下列公式校正：

$$\text{校正断奶体重(千克)} = \frac{\text{断奶体重} - \text{初生重}}{\text{实际哺乳日数}} \times 180 + \text{初生重}$$

对黄牛体重的估测，一般多采用以上公式估算，但公式中的系数，并不适用于所有的黄牛品种及不同年龄的黄牛，因此，应在实践中进行校正。其方法是：先用测量仪器量取牛体重，估测公式中的有关体尺数据，如胸围、体斜长等，然后将牛进行实际称重，后按下列公式计算其估测系数。

估测系数＝胸围(厘米)^2×体斜长(厘米)÷实际体重(千克)

估测体重(千克)＝胸围(厘米)^2×体斜长(厘米)÷估测系数

三、牛的年龄鉴别

要知牛的年龄，最准确的方法是查看出生日期记录。在生产中，有些牛，尤其是役用牛，往往缺乏出生日期的资料。

没有出生日期记录,可根据其外貌、角轮和牙齿的变化情况来判断。外貌鉴别只能分出老年、中年或幼年,不能判断其准确的年龄。一般年轻的牛被毛光泽、细密,皮肤柔润、富有弹性,眼盂饱满,目光明亮,举动活泼。老年牛则与此相反,皮肤干枯,缺乏光泽,眼盂凹陷,目光呆滞,眼圈上皱纹多,行动迟钝。水牛除有上述变化外,随着年龄的增长毛色愈变愈深,毛的密度越来越稀。据角轮来鉴别年龄误差较大,实用价值不大,故很少采用。比较准确的方法是按门齿的变化来鉴别其年龄。

牙齿有乳齿和永久齿之分。乳齿有20枚,永久齿有32枚,乳齿脱落后换上永久齿。年龄的不同,牙齿的更换和齿面的磨损情况也不同。鉴别牛的年龄就以门齿的发生、更换和磨损为依据。一般犊牛出生时已长有第一对门齿,有的已有第一、二对门齿,生后2～3周最后一对门齿也出生,到3～4月龄发育完全。小牛初生出的门齿叫做乳门齿。乳门齿较小,色乳白而细致。乳门齿脱落就换上永久门齿,它比乳门齿长且粗壮,齿根棕黄色,齿冠较白。永久门齿全部生出之前,主要视乳门齿的出生、脱落来判断其年龄。在乳门齿全部脱落,而永久齿长齐以后,主要看齿面的磨损情况来加以判别。牛的齿式:

$$\text{乳齿:}\ \frac{\text{上颚}\quad \overset{\text{门齿}}{0}\quad \overset{\text{前臼齿}}{6}\quad \overset{\text{后臼齿}}{0}}{\text{下颚}\quad 8\quad 6\quad 0}=20\text{枚}$$

$$\text{永久齿:}\ \frac{\text{上颚}\quad \overset{\text{门齿}}{0}\quad \overset{\text{前臼齿}}{6}\quad \overset{\text{后臼齿}}{6}}{\text{下颚}\quad 8\quad 6\quad 6}=32\text{枚}$$

成年牛有4对门齿、12对臼齿。牛的上颚没有门齿,只是下颚有门齿,中间一对称为钳齿或第一对门齿,靠近钳齿的一对为内中间门齿，或称第二对门齿，往外的一对为外中间门齿，或称第三对门齿，最外的一对为隅齿，或称第四对门齿(图3)。

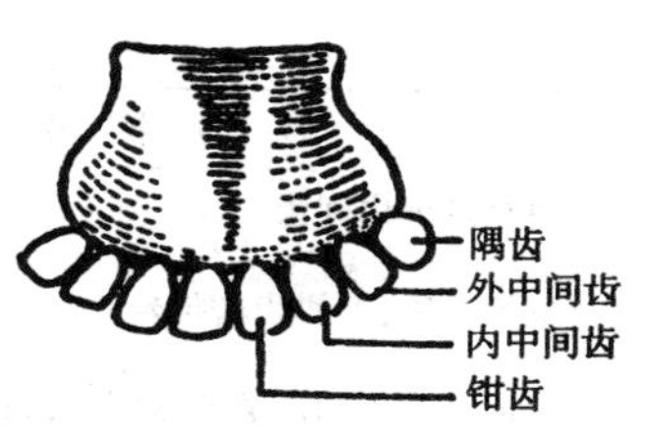

图3　牛门齿的排列图

齿分齿冠(齿的露出部分)、齿根(埋藏在齿龈内)、齿颈(齿冠和齿根中间的收缩部分)三部分(图4)，主要由象牙质构成。中下部有齿腔，腔内有营养牙齿的齿髓、神经和血管。象牙质上面覆以珐琅质，它起着保护牙齿的作用。现仅以黄牛为例，将牙齿的变化情况简介如下(表7)。

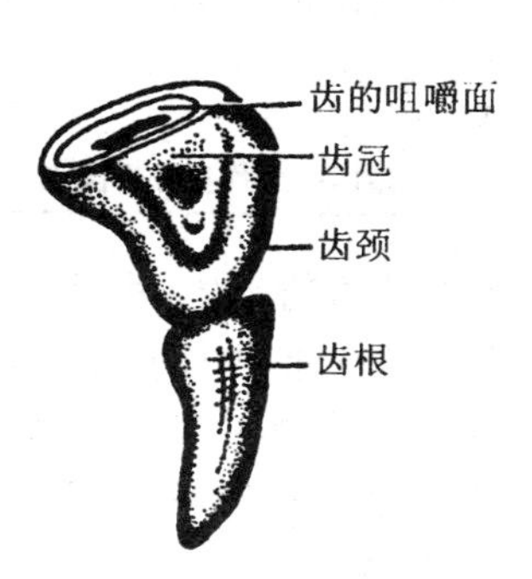

图4　牛齿的构造图

表7　不同年龄的黄牛牙齿的变化情况

牙齿的情况	年龄	俗称
乳门齿长齐，永久门齿没长出的小牛	1岁半左右	原口
更换乳钳齿	1.5～2岁	对牙
更换乳内中间齿	2.5～3岁	四牙

续表 7

牙 齿 的 情 况	年 龄	俗 称
更换乳外中间齿	3.5~4岁	六牙
更换乳隅齿,钳齿磨损较大	4.5~5岁	齐牙(全部乳门齿换齐)
钳齿和内中间齿磨损很深,钳齿质快磨光	6岁	二印
钳齿齿面呈长方形,内中间齿齿面中部呈近方形	7岁	四印
钳齿齿面呈方形,内中间齿齿面呈长方形,外中间齿齿面呈横椭圆形	8岁	六印
钳齿齿面呈椭圆形,内中间齿呈近椭圆形,外中间齿齿面呈方形	9岁	八印
内中间齿齿面中部近圆形	10岁	二珠
外中间齿齿面中部近圆形	11岁	四珠
钳齿齿面的中部圆形变小,内外中间齿齿面中部呈圆形	12岁	六珠
全部门齿齿面中部均呈珠形圆点	13岁	八珠

水牛牙齿的出生、更换和磨损变化,比黄牛约迟1年,根据以上方法去推算水牛的年龄时则应加1岁。例如二印时,黄牛为6岁,而水牛则为7岁。

牛牙齿的变化,除年龄外还受各种因素的影响。如环境条件、饲料性质、营养状况、使役轻重、健康情况、成熟性(即早熟或晚熟)等。因此,根据牙齿的变化鉴别年龄,各头牛的情况就未必完全相同,这在鉴别时应加以注意。

第四章　牛生产能力的评定

第一节　奶牛产奶能力的评定

奶牛产奶能力的高低，主要是以产奶量、乳脂率、乳脂量、乳蛋白质率、无脂乳固体的情况，以及饲料报酬来表示。

一、产奶量的测定与计算

（一）个体产奶量的计算　母牛产奶量多少，最准确的测定方法是将每头牛每天所产的奶称重登记，泌乳期结束后进行统计。305天产奶总量是指自产犊后第一天开始到305天为止的产奶量。不足305天者按实际产奶量，超过305天者超过部分不计在内。

此外，也可采用每月记录3天产奶量（间隔8～11天）的方法计算其全月产奶量。计算的公式是：

$$全月产奶量(千克)=(M_1\times D_1)+(M_2\times D_2)+(M_3\times D_3)$$

式中M_1，M_2，M_3为各测定日全天产奶量，D_1，D_2，D_3为本次测定日与上次测定日之间的间隔天数。

（二）全群产奶量的统计方法　全群产奶量的统计应分别计算成年母牛（包括产奶、停奶及空怀母牛）的全年平均产奶量和产奶母牛（指实产母牛，停奶和不产奶的母牛不计算）的全年平均产奶量。

$$成年母牛全年平均产奶量=\frac{全群全年总产奶量}{全年平均饲养成年母牛头数}$$

$$泌乳牛年平均产奶量=\frac{全群全年总产奶量}{全年平均饲养泌乳母牛头数}$$

全群全年总产奶量是指从每年1月1日开始到12月31日止全群牛产奶的总量。

全年平均饲养成年母牛头数包括所有的成年母牛，即按饲养日计算的年均产奶量，它可反映牛群的整体生产水平。

全年平均饲养泌乳母牛头数是计算泌乳的母牛，即按实际泌乳日计算的年均产奶量，可反映牛群的质量。

二、乳脂率的测定与计算

在一个产奶期内每月测定乳脂率1次，将测定的数据分别乘以各该月的实际产奶量，然后将所得的乘积加起来，用总产奶量去除，便得平均乳脂率，它用百分率表示。

$$平均乳脂率 = \frac{\Sigma(F \times M)}{\Sigma M}$$

式中Σ为累计总和，F为每次测定的含脂率，M为该次取样期的产奶量。

三、4%乳脂校正乳的换算

不同个体牛产的奶，含脂率是不同的。在比较不同个体牛产乳性能时，应将不同含脂率的奶校正为含脂率4%的奶。换算公式是：

$$FCM = M \times (0.4 + 0.15F)$$

式中FCM为4%乳脂校正乳量，M为产奶量，F为实际乳脂率。

例如，甲群牛产奶量为4 500千克，含脂率为3.2%；乙群牛产奶量是4 200千克，含脂率为3.8%。换算两群牛的产奶量为标准奶后，加以比较。

甲群牛4%乳脂校正乳量 = 0.4 × 4 500 + 0.15 × 4 500 × 3.2 = 3 960千克。

乙群牛 4% 乳脂校正乳量 = 0.4 × 4 200 + 0.15 × 4 200×3.8 = 4 074 千克。

未换算之前，甲群牛产奶量高于乙群牛，但换算为 4% 乳脂校正乳量后，则甲群牛的产奶量没有乙群牛高。

四、饲料报酬的计算

饲料报酬又称为饲料转化率，就是每产 1 千克奶所消耗的饲料量（以干物质计）。平均消耗的饲料愈少，其饲料报酬便愈高。在畜禽中将饲料转化成为畜产品的效率以奶牛最高。计算的公式有两种：Ⅰ式表示每千克饲料干物质可产多少千克牛奶，Ⅱ式表示每生产 1 千克牛奶需消耗多少千克饲料干物质。

$$\text{Ⅰ. 饲料转化率} = \frac{\text{全泌乳期总产奶量(千克)}}{\text{全泌乳期饲喂各种饲料干物质总量(千克)}}$$

$$\text{Ⅱ. 饲料转化率} = \frac{\text{全泌乳期饲喂各种饲料干物质总量(千克)}}{\text{全泌乳期总产奶量(千克)}}$$

第二节 肉牛产肉能力的评定

肉牛产肉能力常用屠宰率、净肉率、胴体出肉率、肉骨比、日增重及饲料报酬等指标来表示。

一、屠 宰 率

屠宰率是表明肉牛产肉的性能。

$$\text{屠宰率(\%)} = (\text{胴体重/宰前活重}) \times 100$$

胴体重也称屠体重，是宰前活重减去头、皮、血、内脏（不包括肾和板油）及腕、跗关节以下的四肢、尾、生殖器官及其周围脂肪的重量。

宰前活重是指绝食 24 小时后临宰前的实际活重。

二、净 肉 率

净肉率是说明肉牛产净肉的能力。

净肉率(%)=(净肉重/宰前活重)×100

净肉重，是胴体除去骨后的重量。

三、胴体出肉率

胴体出肉率或胴体产肉率说明胴体产净肉的能力。

胴体出肉率(%)=(净肉重/胴体重)×100

四、肉 骨 比

肉骨比也称产肉指数，是胴体的一个重要的质量指标。

肉骨比=净肉重/骨重

五、日 增 重

日增重是测定肉牛生长发育和肥育效果的重要指标。日增重是指一定时间内的增长量，它表明生长的速度。

$$平均日增重=\frac{饲养期末重-开始时体重}{开始至期末总的饲养天数}$$

牛的食量大，为避免在不同情况下称重所造成的误差，一般要求在早晨饲喂或放牧前称重，并连称两天，取其平均值。

六、饲料报酬

饲料报酬也称饲料转化率，可用料肉比表示。即每千克增重所消耗的饲料干物质量(千克)。消耗的饲料越少，饲料报酬便越高。

$$饲料报酬=\frac{饲养期内共消耗的饲料干物质量(千克)}{饲养期内总增重(千克)}$$

第三节　役牛役用能力的评定

役牛的劳役方式主要是耕地、拉车、驮运等。役用牛的生产力主要表现在役用性能上。役牛役力的大小与品种、年龄、性别、体重、体况、农活以及农具等有关。一般是水牛比黄牛役力大，公牛比母牛役力大，壮年牛较幼年牛役力大，体重大的较体重小的役力大，体躯和肢蹄发育良好的役力较强。

役牛的使役性能，主要包括挽力、持久力及速度。即挽力、持久力及速度是测定役牛役用性能的指标。

一、挽　力

挽力分为经常挽力(平均挽力)和最大挽力。经常挽力是役牛在正常工作情况下，克服农具和车辆前进时的阻力所表现出的力量。一般来说，牛的体重愈大，挽力愈强，载重量愈多。最大挽力是指役牛在工作时表现出的最大力量。

二、持　久　力

持久力就是役牛在使役时的耐久能力。测定方法是：先测定役牛在使役前每分钟的心跳和呼吸次数，使役一定时间(1 小时左右)或运载一定的重量行走一定的距离后，再测定该牛的心跳和呼吸，直至恢复正常，然后根据该牛使役后心跳和呼吸恢复的程度，以及恢复所需的时间，结合在使役中的表现，来评定持久力。使役后心跳和呼吸恢复较快的牛，持久力较强。

三、速　度

速度是指役牛在使役时的行走速度。一般用 1 秒钟所行走的距离来表示，以米/秒为单位。速度快的表示使役性能好。

第五章　牛的繁殖与育种

第一节　牛的繁殖

一、发情与配种

(一)初情期与性成熟　初情期是指母牛初次发情或排卵的年龄。这时母牛虽有发情表现,但发情往往不完全,发情周期也不正常,生殖器官仍在继续生长发育。

性成熟即是公、母牛生长发育达到一定年龄,生殖器官发育基本完成。即母牛具有成熟的卵子和排卵能力,并随之发情,如果在发情时配种可以受胎;公牛有成熟的精子,有性欲表现,具有配种的能力,这便为性成熟。此时牛虽有繁殖能力,但身体的生长发育尚未完成,还不宜配种,以免影响母牛本身的生长发育和胎儿的生长发育。性成熟的迟早随牛的品种、早熟性、饲养管理、气候等条件不同而异。一般早熟品种比晚熟品种性成熟早;同一品种中饲养管理条件好,气候温暖,则性成熟较早。饲养管理条件差,气候寒冷,性成熟较迟。一般来说,母黄牛性成熟的年龄为 8～10 月龄,公黄牛为 6～8 月龄;母水牛 12～18 月龄,公水牛 10～12 月龄。

(二) 母牛的发情　母牛到了性成熟的年龄就有性活动的表现,出现所谓发情(俗称走水)。发情有一定的周期性,即发情后如不交配或交配而未受胎,过一定时间后又会发情。由上一次发情到下一次发情开始的间隔时间叫做发情周期。由于牛的种类不同,母牛的发情周期也不一样。黄牛的发情周期一般为18～24天(平均21天左右),水牛的发情周期一般为18～30天。

母牛由发情开始至发情结束这段时间称为发情持续期。黄牛的发情持续期为1～2天,水牛为2～3天。

母牛在发情期间有种种表现,其特点是举动不安,鸣叫,食欲减退或不食,喜欢接近公牛,并接受公牛爬跨,在爬跨时母牛站立不动,举尾接受公牛交配。不发情的母牛则没有以上表现,当被公牛爬跨时往往拱背逃走。发情的母牛也喜欢其他母牛爬跨或爬跨别的母牛,阴户红肿,排尿频繁,阴道内流出一些白色透明而粘滑的液体。这些表现发情盛期比发情初期明显。

母牛到了发情后期一般趋于恢复常态,即性欲减退,拒绝公牛爬跨和交配,食欲也逐渐趋于正常。发情的母牛虽有上面几种表现,由于品种和个体的不同其表现的程度也并非一样。一般黄牛和奶牛的发情征候较水牛明显。

(三)配　种

1. *初配年龄*　牛达到性成熟年龄并非配种的适龄,因为性成熟期比身体发育成熟期早。性成熟初期身体生长发育尚未完全成熟,只有身体发育成熟后才能配种。过早配种会影响公、母牛的生长发育和健康,缩短利用年限,同时也会影响到胎儿的生长发育和体质,故不宜早配。过迟配种也不好。过迟配种经济上不合算,易引起公牛阳痿(即公牛在配种时性欲不旺盛,阴茎不能勃起),母牛不易受孕,降低繁殖率。何时开始配种为好应视牛的生长发育情况而定。开始配种时牛的体重以达到成年牛体重的70%左右为好。奶牛的初配年龄为18～24月龄。生长发育较好,体重达320～350千克时,可提早到15～16月龄配种。公牛满2岁才可正式采精。母黄牛1.5～2岁，公黄牛2～2.5岁，母水牛2～2.5岁，公水牛2.5～3岁为开始配种适期。有些早熟品种，饲养条件较好且生长发育好的，其初配年龄也可适当早些。

母牛的配种时间与母牛的排卵及保持受精能力有关。母牛的排卵时间黄牛与水牛不同，黄牛多在发情停止后4～15小时，水牛在10～18小时。卵子与精子受精的地方是在输卵管上部的1/3处(壶腹部)。卵子在输卵管存活12～24小时，通过壶腹部的时间为6～12小时，精子进入母牛生殖道内保持授精能力的时间约为30小时(24～48小时)。据此，配种较适宜的时间黄牛多在发情开始后12～20小时，水牛以在发情开始后24～36小时为宜，或发情后第二天下午配1次，第三天上午再配1次。黑白花奶牛上午发情，当日傍晚配1次，第二天早上再配1次;下午发情的母牛第二天早上配1次，下午或傍晚再配1次。母牛产犊后一般40～45天发情，也有早于40天的。为了让母牛的子宫得到完全康复，一般在产后40～60天发情配种。

由于各头母牛的发情持续期不完全一样，在饲养管理过程中应加以观察，以便掌握准确的配种时间。

2．配种方法　牛的配种方法可分为自由交配、人工辅助交配和人工授精三种。前两种又称为本交。

(1) 自由交配　自由交配主要在放牧牛群中使用。即将公牛(按20头母牛搭配1头公牛)混入到放牧的母牛群中饲养，让公牛自由地与发情母牛交配。这种方法虽然简便省事，但公牛的利用率低，利用年限会缩短，且无法进行个体选配，也较易传播疾病。

(2) 人工辅助交配　在平时公、母牛分开饲养，在母牛发情的适当时间用指定的公牛在配种架上进行交配。交配后立即将公、母牛分开。人工辅助交配和自由交配均属于自然交配。两者相比，辅助交配能人为地控制公牛的配种次数，可以进行个体选配，有利于延长公牛的使用年限。

(3) 人工授精　人工授精是通过人工的方法采集公牛的精液，经过检查和稀释，再用输精器输入发情母牛的生殖道内，使卵子受精，繁殖后代，以代替公、母牛自然交配的一种配种方法。

人工授精比自然交配优越得多。人工授精能充分发挥良种公牛的作用，增加与之交配母牛的头数，扩大配种范围(1头公牛1年可配母牛达几千头，甚至万头以上)，防止生殖道传染病的传播。世界上大多数国家都广泛使用人工授精，我国奶牛也普遍采用，但本地黄牛和水牛人工授精尚未普及，目前正在迅速推广使用。

人工授精技术包括采精—精液检查—精液稀释和保存(包括冷冻保存)—解冻—输精(采用冷冻精液则需经解冻)的过程。

①采精：种公牛的精液常用假阴道采集。假阴道是一筒状结构，主要由外壳、内胎和集精杯(瓶、管)三部分组成。外壳为一硬橡胶圆筒，上有灌水小孔。内胎为柔软橡胶管。用时先将内胎放入筒内，内胎的两端翻卷在外筒的两端，并用固定胶圈固定(图5)。

假阴道安装后应行消毒。橡皮内胎先用肥皂水清洗，然后用温清水冲洗，外层用毛巾擦干，内层最好晾干。干后用酒精棉在假阴道内均匀涂擦。经过消毒后，从灌水孔灌入50～55℃的温清水400～800毫升，再吹进适量空气，以增加内胎的弹性。内胎涂上一层消毒过的凡士林，最后装上经过消毒的集精杯(瓶、管)。临采精前内层的温度保持在40～42℃，

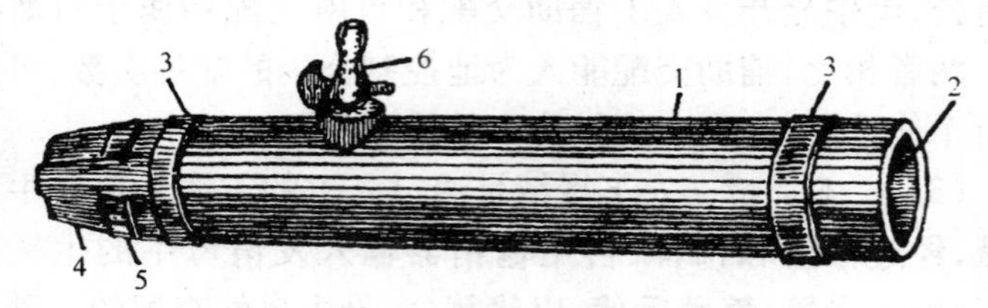

图 5　牛的假阴道外形

1. 外壳　2. 内胎　3. 橡皮圈　4. 集精杯　5. 保定套　6. 气门活塞

温度不宜太低或太高，温度过低或过高都会影响公牛射精。

采精前先把台牛放进配种架，采精员右手持假阴道，并使假阴道筒口向下倾斜与公牛阴茎伸出方向呈一直线，靠近台牛尻部右侧，当公牛跃上台牛时迅速把假阴道接近伸出的阴茎。左手在包皮开口的后方，掌心向上托住包皮(注意不得用手抓住阴茎，以免阴茎回缩)，辅助把阴茎导入假阴道内。当公牛用力向前一冲，即表示射精完毕。公牛射精后采精员要使假阴道的集精杯下端向下倾斜，以便精液流入集精杯中。当公牛跳下时，假阴道随阴茎后移，阴茎由假阴道自行脱出后就将假阴道直立，筒口向上，并立即送到室内，取下集精杯，以备检查。

对于种用价值较高，因损伤或性反射慢而失去爬跨能力的种公牛可以使用电刺激法采精。

②精液检查：采得的精液应立即置于 30℃ 左右的恒温水浴箱中，以防温度突然下降，对精子造成低温打击。检查也要在 20～30℃ 的室温下进行。检查的项目包括精子的形态、活力、密度(即精液中精子的数量，密度大表示精子多，反之则少。牛精液每毫升有 10 亿～15 亿精子)。

③精液稀释与保存:精液经检查后还要进行稀释。其目的是增加精液的容量,提高公牛1次射精的可配母牛头数,延长精液的保存时间,方便运输。精液的稀释倍数与精子密度和输精量有关。精子密度大,活力强,稀释倍数可多些,相反则少些。一般稀释的倍数为5～10倍,使每毫升稀释精液中含有活精子2 000万～5 000万个。

精液稀释后即行保存。保存温度分为常温保存(5～20℃)、低温保存(0～5℃)、冷冻保存(-79～-196℃)。前两种的保存温度都在0℃以上,以液态形式保存,所以称液态精液。冷冻的温度大大地低于0℃,精液冻结,故称冷冻精液。冷冻是当前保存精液的一种最好方法,可使保存的精液长期使用,即使公牛死亡,其已采得的精液,经冷冻保存仍能应用,可继续配种,同时还可在国际间交换精液。这对促进牛的繁殖、育种工作有重大的意义,所以国内外都在推广应用。

④输精:输精是指把一定量的精液准确地输到发情母牛生殖道内的适当部位。如果用冷冻精液输精前要先行解冻,且精子活力不得低于0.3。输精时先将发情母牛牵入配种架内并加以保定,母牛的外阴部用温水冲洗,并用消毒布擦干。所用的输精器具(注射器、输精管、玻璃扩张筒等)每次使用后,都要用温水和酒精充分洗净,并置于高温干燥箱内消毒或蒸煮消毒。输精的方法有扩张器法和直肠把握法。扩张器法是先将消毒过的开膣器涂上一层凡士林后插入阴门,张开母牛的阴道,将输精管插入子宫颈内1～2厘米,把扩张器稍往后移,即注入精液,注完后取出输精管和扩张器。由于这种方法存在很多缺点,故已较少采用。现广泛采用的是直肠把握子宫颈输精法。其做法是将一只手(戴上长手套,并涂以润滑剂)伸入肛门内排除粪便,并隔着直肠壁紧握住子宫颈,另一

手将吸好精液的玻璃输精管伸到子宫外口，借助进入直肠内的一只手的固定和协同动作将输精管插入子宫颈的螺旋皱襞，把精液输入子宫体内或子宫颈深处（图 6）。通过直肠触摸掌握输精时间可提高受胎率。如在直肠内触摸，当卵泡发育成熟突出，卵巢膜有波动感，这时输精受胎率较高。

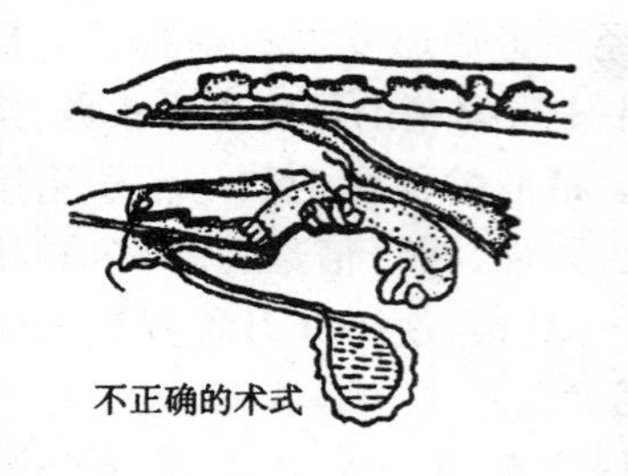

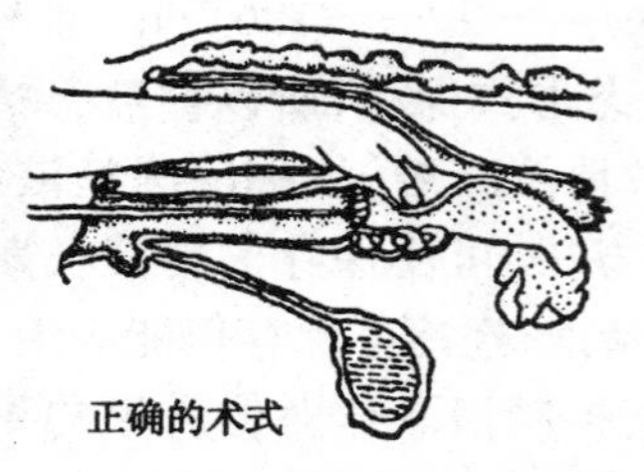

图 6　直肠把握输精法

牛的输精量一般为 1～2 毫升，输入精子数为2 000 万～3 000 万，其中活动精子数不应少于 1 500 万。

二、妊娠与分娩

（一）妊娠期　成熟的卵子与成熟的精子在输卵管相遇，结合成为合子，这就是受精。由受精开始，经过胚胎发育，一直到成熟胎儿产出为止，这段时间称为妊娠期。牛的妊娠期是：黄牛（包括黑白花奶牛）270～285 天，平均 280 天；水牛 300～320 天，平均 310 天左右。妊娠期的长短因牛的品种、个体、年龄、饲养管理条件的不同而有差别。一般早熟品种比晚熟品种短，奶用牛比肉用牛短，黄牛比水牛短，饲养管理条件好的比饲养管理条件差的短。

母牛妊娠后，为做好分娩前的准备工作，应准确推算母牛的产犊期。推算的方法有查表法和公式推算法。现介绍公式推算法如下。

按妊娠期 280 天计算，将交配月份减 3，配种日期加 6 即为预产期。

〔例一〕 2 号母牛于 1998 年 5 月 20 日配种，它的预产期为：

5－3＝2(月)…………预产月份

20＋6＝26(日)………预产日期

即 2 号母牛的预产日期是在 1999 年 2 月 26 日。

〔例二〕 3 号母牛于 1998 年 2 月 28 日配种，它的预产期为：

(2＋12)－3＝11(月)…………预产月份(月份不够减，须借 1 年，故加 12 个月)

(28＋6)－28＝6 (日)…………预产日期(超过 1 个月，可将分娩月份顺延 1 个月，就是下 1 月份的预产日期)

即 3 号母牛的预产期是在 1998 年 12 月 6 日。

〔例三〕 如果按妊娠期 313～315 天计算，可将配种月份减 2，日期加 9，此法可用于水牛。

如某水牛于 1998 年 9 月 6 日配种，其预产期便为：

9－2＝7 (月)…………预产月份

6＋9＝15(日)…………预产日期

即该母牛的预产期是在 1999 年 7 月 15 日。

(二) 妊娠征候 母牛配种后经过一二个发情周期不再发情就可能是妊娠了。妊娠与非妊娠的母牛在外形和举动上有所不同。妊娠的母牛性情变得安静、温顺，举动迟缓，放牧时往往走在牛群的后面，常躲避角斗和追逐，食欲好，吃草和饮水量增多，被毛光泽，身体渐趋饱满，腹部逐渐变大，乳房也逐渐胀大。母牛是否妊娠，除从母牛的外形和举动判别外，也可采用直肠检查方法，即母牛配种60天后经直肠触摸子宫角，如果子宫角扩大便为妊娠。

（三）分娩 分娩是指成熟的胎儿、胎衣及其中的水分从子宫腔排出的生理过程。临近分娩的母牛尾根两侧凹陷，特别是经产母牛凹陷更甚，乳房胀大，分娩前一二天内甚至可挤出初乳。外阴部肿胀，阴唇逐渐松弛、柔软，皱襞展开，阴道粘膜潮红，有透明的粘液由阴道流出。母牛时起时卧，显得不安，减食或不食，常呈排粪尿状态，头不时回顾腹部。这种情况出现意味着分娩即将来临。这时应加强看护，并做好接产的准备。

胎儿的产出一般经0.5～4小时，初产母牛产出胎儿的时间常比经产母牛长些。胎儿产出后子宫还在继续收缩，且有轻微的努责，以将胎衣排出。胎衣排出后要及时拿走。胎衣排出的时间一般为5～8小时，最长不应超过12小时。若超过12小时后胎衣仍未排出，应按胎衣不下处理（具体方法见第十章）。

三、提高母牛繁殖力的主要措施

（一）表示牛繁殖成绩的主要指标和统计方法

1．受胎率 受胎率是指在本年度内配种后妊娠母牛头数占参加配种母牛头数的百分比。在受胎率统计中分为总受胎率和发情期受胎率。

$$\text{总受胎率}(\%)=\frac{\text{本年度受胎母牛头数}}{\text{本年度配种的母牛头数}}\times 100$$

$$\text{发情期受胎率}(\%)=\frac{\text{受胎母牛头数}}{\text{配种情期数}}\times 100$$

$$\text{第一发情期受胎率}(\%)=\frac{\text{第一次配种受胎母牛头数}}{\text{第一情期配种母牛头数}}\times 100$$

2. 繁殖率　繁殖率是指本年度内出生犊牛头数占上年度终存栏适龄母牛头数的百分比。它反映牛群在一个繁殖年度的增殖效率。

$$繁殖率(\%)=\frac{本年度产犊牛总头数}{本年度应配的母牛头数}\times 100$$

3. 犊牛成活率　犊牛成活率是指在本年度内断奶的犊牛数占本年度出生犊牛头数的百分比。

$$犊牛成活率(\%)=\frac{全年成活犊牛数}{全年出生的犊牛头数}\times 100$$

4. 难产率　难产率是指难产母牛头数占分娩母牛头数的百分比。

$$难产率(\%)=\frac{难产母牛头数}{分娩母牛头数}\times 100$$

(二) 提高母牛繁殖力的措施　迅速发展养牛业务必繁殖大量健壮的小牛。要增加牛群数量,提高质量和获得更多的畜产品就得保证母牛有正常的繁殖功能,提高母牛的繁殖力。

母牛繁殖力的高低受到很多因素的影响,特别是与营养、饲养管理、繁殖技术及疾病防治等有密切的关系。因此,提高母牛繁殖力的主要措施就在于供给必需的营养,进行科学的饲养管理,提高繁殖技术,以及做好保健工作。

1. 满足营养需要　母牛的发情、妊娠、产犊等是否正常与营养水平有很大的关系。在营养物质方面较为重要的是能量、蛋白质、无机盐和维生素。

(1) 能量　能量水平长期过低不仅影响幼龄母牛正常的生长发育,使性成熟和适配年龄推迟,缩短母牛的有效生殖时间,也会影响母牛的正常发情,甚至造成流产。能量水平过高也不利,因为能量水平过高会使母牛过肥,生殖器官被脂肪所充塞,使受胎率下降和引起难产。同时,过肥也使乳腺内存积脂肪,造成泌乳功能降低。公牛过肥,配种爬跨困难,性功能退化,精子品质下降,使被配母牛不孕。

(2) 蛋白质　蛋白质是牛身体组织细胞的主要组成成分,也是促进母牛受孕和胎儿正常生长发育的重要物质。母牛的日粮中缺乏蛋白质会影响正常发情,造成母牛的不孕或胎儿生长发育受阻。蛋白质缺乏会降低日粮的消化率,使母牛获得的营养减少,影响健康和繁殖。

(3) 无机盐　无机盐中的钙、磷较为重要,应按其需要给予适量和比例适合的钙和磷。钙、磷不足或比例不当都会影响母牛的繁殖力。

缺钙会影响胎儿的生长发育和母牛产后的泌乳,造成母牛骨质疏松、胎衣不下以及产后瘫痪。缺磷对繁殖力的影响最大,磷的缺乏会妨碍能量的利用,使幼母牛初情期推迟。对成年母牛则影响其发情,造成难产、弱胎和死胎。无机盐中除了钙、磷以外,一些微量元素,如锰、钴、铜、铁、碘等对牛的健康和繁殖也有一定的作用。

(4) 维生素　维生素中对繁殖影响较大的是维生素 A。维生素 A 或胡萝卜素是维持生殖系统上皮组织正常功能的重要物质。维生素 A 缺乏往往导致母牛流产、死胎或弱胎,以及胎衣不下。公牛缺乏维生素 A 会使睾丸的生殖细胞变性,影响精子的形成,配种能力降低。

2. 科学的饲养管理　对于母牛除了合理的饲养,满足母牛对各种营养物质的需要,使其正常生长发育、身体健壮,提高繁殖力外,还要注意管理,给予适当的运动、充足的阳光照射和新鲜的空气。加强妊娠母牛的管理还包括役用母牛的合理使役,以防母牛受伤或劳役过度而引起流产。另外,配种前应对母牛的发情规律、特点以及繁殖情况进行调查。对已配的母牛要检查受胎的情况，有漏配的应及时补配。

3．提高繁殖技术　发情母牛受胎率的高低，除与公牛的精液品质有关外，与能否适时配种及配种技术的优劣有很大的关系。对发情的母牛必须掌握好配种时机，及时配种，并应用人工授精(群牧牛例外)。实践证明，母牛产犊后第一次发情期配种能提高受胎率，且使母牛 1 年产 1 犊。如果母牛产犊后第一次发情或第二三次发情不给配种较易造成不孕。因此，一般母牛产犊后第一次发情就应抓紧配种，但对高产的奶用母牛则应视具体情况，也可适当延迟到第二次发情时才配种。

4．做好保健工作　做好母牛的保健工作，防止疾病的传染，保证母牛的健康是提高母牛繁殖力的重要一环。对于常配不上种或出现流产的母牛应认真检查，加以分析，找出原因。属于营养性的应加强营养，改善饲养；若为生殖器官疾患则应及早治疗。

第二节　牛的育种

我国各地都有相当数量且适应当地环境条件、各具不同特点的地方品种牛。为保持这些品种的优良特性，并加以提高，创造新的品种，有必要开展牛的育种工作。牛的育种方法包括本品种选育和杂交改良。

牛的品种改良关键在于选种、选配和科学的饲养管理。

选种也称选择，是指选出比较好的、符合要求的公牛或母牛留作种用，淘汰质量不好的个体或留下来进一步改良。选种的实质就是“选优去劣，优中选优”。

选配是指选择最适合的公、母牛进行配种，使双亲的优良特性和性状结合在后代身上。俗话说“好种出好苗”。即好的种公牛配好的母牛，可获得好的后代。任何一种生物所生的后代都与其父母在体型外貌和生产性能上有相似性。例如本地黄牛的后代，一般都具有与亲本相似的黄褐色毛，体型外貌及生产性能。又如黑白花奶牛的后代，毛色也为黑白花片及有较高的奶产量，这就是遗传。但是，任何一种生物通过有性繁殖生育的后代又不完全与其父母相似，子代个体之间也不完全一样，彼此有差异，这种差异就是变异。遗传与变异是生物界普遍存在的一种特性。有了遗传，祖先的特性和性状就可传给后代。有了变异，人们就可通过选择把需要的性状挑选出来，让它繁殖后代，并通过遗传将好的性状在后代中不断得到保存和巩固。

科学的饲养管理是保证选种选配效果的必要条件。没有正确的饲养管理，即使有好的选种育种也得不到应有的效果，优良性状的遗传力也难于充分发挥。

一、本品种选育

本品种选育也叫纯种繁育，是指同一品种内的公、母牛的选配繁殖。通过选种选配和改善饲养管理，不断提高本品种的体型外貌和生产性能。国外有不少的优良品种，如著名的夏洛来牛、利木赞牛、西门塔尔牛等都是通过本品种选育而形成的。我国的黄牛和水牛具有很多优良特性，但也有缺点，为保持其优良特性，并在此基础上进一步发展提高，可采用本品种选育。

选种选配是提高生产性能的基本方法。无论本品种选育或杂交改良均应注意选种选配。选种的方法分为群体选种和个体选种。群体选种多用于原始品种最初阶段的选种工作，目的是把生产性能低的和外形不好的个体淘汰，将好的个体留下来，而不考虑其祖先及后代。这种方法简单易行，但较粗糙，所以一般选种多采用个体选择。个体选择主要是根据其本身表现（本身表现包括体型外貌、健康情况、体重、生产性能、早熟性、繁殖力、适应性等）、祖先及后代表现。选择种公牛着重于本身和后代表现，同时参考祖先的表现。选择母牛则着重于本身表现，同时参考它的祖先和后代。

农村的役牛，由于目前缺乏登记制度，牛又在农贸市场上买卖，变动较大，所以对役用公、母牛的选择现主要着重于体型外貌，有条件的当然最好结合考查它们的父母和祖父母以及后代的表现。今后最好建立公、母牛的登记制度，设立档案，以备考查。

（一）种公牛的选择　俗话说："母畜管一窝，公畜管一坡。"1头母牛的好坏只直接影响到它自己所生的小牛。1头公牛在自然交配的情况下1年可配几十头母牛，采用冷冻精液人工授精可配几千头甚至上万头母牛，也就是说，种公牛的好坏会影响几十头、几千头甚至上万头小牛。实践证明，如果种公牛不加选择或选得不好，品质很差，由这样的公牛与母牛配种所生的小牛多数是不好的。所以种公牛的选择极为重要。

种公牛应体型高大，体质健壮，有雄相；头短、颈粗、眼大有神；背腰平直宽广，长短适中；胸部宽深，肋骨开张；腹部紧凑，呈圆筒形；尻部宽、长而不倾斜；肌肉结实，四肢粗壮，肢势良好，蹄圆大而质坚实，行动灵活；性欲旺盛，两个睾丸大而对称。单睾和隐睾的公牛均不应作为种用。除此之外，还应注意它的祖先和后代的表现，尤其是后代的表现。

（二）种母牛的选择　母牛的好坏虽然影响面比不上公牛大，但也很重要，务必加以选择。作为母牛总的要求是：身体健壮，生产性能好，母性强，繁殖力高。因此，选择时注意的条件是：体型高大，身体健壮，各部结构匀称，外形清秀，性情温顺（役用牛肌肉要发达、结实，奶用母牛肌肉不宜丰满）；嘴大、鼻大，眼大有神；背腰平直宽广，长短适中；腹大而不下垂，前胸阔，后躯发达；乳房大而皮薄柔软，乳头排列整齐，间距宽且大小适中（奶用母牛的乳静脉弯曲粗大）；四肢健壮、结实，肢势良好，蹄圆大、质坚实。

（三）选配　牛群经过全面鉴定之后便进行选配。选配可以使双亲的优良性状结合在后代身上，能巩固选种的效果。生产实践证明，优良的种公牛不加选择地与任何母牛交配，不一定能获得优良的后代。但如果能选择恰当的公、母牛配对就可使后代得到较多的优良性状。为获得好的效果，在选配时应注意下面几点。

1．公牛一定要优于选配的母牛　以便充分发挥公牛的作用，也就是最好的公牛和最好的母牛交配，以便结合公、母牛优点，使优良性状的遗传性得到巩固。

2．避免近亲交配　近亲交配也称近亲繁殖。在一般情况下不宜采用这种配种方式，以免造成后代生活力衰退，生产能力下降，甚至出现畸形。

3．有共同缺点的公、母牛不宜相互交配　有相同缺点的公、母牛交配会使双亲的缺点在后代中更加明显。

二、杂交改良

杂交是指两个或两个以上品种公、母牛的相互交配。其目的是利用杂种优势提高生产性能。杂交所产生的后代称为杂种。在养牛生产中，为加大本地牛的体重，提高其生产性能，常引用外来优良品种公牛与本地牛杂交，以获得体型好、生产性能高，又能适应当地环境条件的后代。

杂交之所以能提高杂种的生产性能，是由于杂交可产生杂种优势之故。所谓杂种优势，就是无亲缘关系的两个品种间的杂交所产生的杂种一代的一些性状往往优于双亲。这种生长优势称为杂种优势。

杂交除了品种间杂交外，还有种间杂交，即不同种的公、母牛的交配繁殖。这种杂交也称为种间杂交，它们的后代称为远缘杂种。这种杂交方法在养牛业中也常采用。例如澳大利亚引用欧洲牛与瘤牛杂交而育成耐热、抗焦虫病的高产品种就是种间杂交。我国有些地区用公黄牛与母牦牛杂交也属于种间杂交，其杂种一代称为犏牛。它们的体型、体重和生产性能均比亲代高，利用年限也长，但公犏牛无繁殖力，故杂种公、母牛之间不能进行自群繁殖。

（一）杂交的方法　杂交的方法有多种，采用哪一种须根据杂交改良的目的要求来确定。常用的方法有下面几种。

1．级进杂交　级进杂交是用优良的高产品种来改良低产品种的最常用方法。即利用优良品种公牛与本地母牛进行交配，生下的杂种一代母牛长大后又与同品种不同个体的公牛交配，第二代杂种母牛再用同品种的其他公牛交配，这样一代一代配下去，直到获得所需要的性能时止。然后就在杂种间选出优良的公、母牛进行自群繁殖。例如本地黄牛拟向乳用方向发展，可引用荷兰公牛进行级进杂交。级进到哪一代为好？一般认为级进到第三代，即含本地黄牛血12.5%较好。因为级进代数过高杂种优势便减弱，保留黄牛的优良品质就愈少，适应性也愈差。杂交方法见图7。

2．导入杂交　当一个品种的性能基本满足要求，只有个别性状仍存在缺点，这种缺点用本品种选育法又不易得到纠

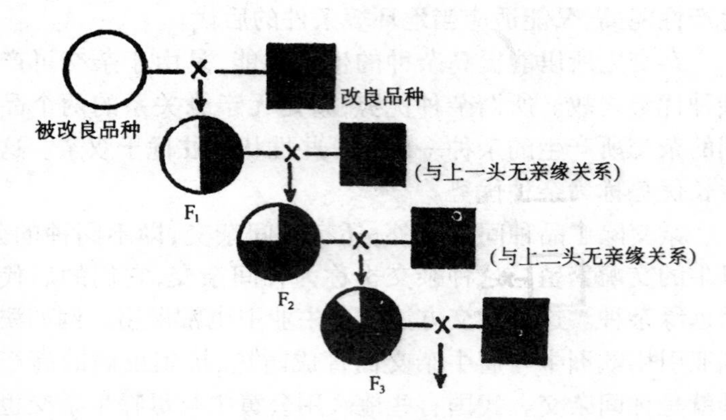

图 7　级进杂交示意图

F_1 为一代杂种，含荷兰奶牛和本地黄牛血各 50%

F_2 为二代杂种，含荷兰奶牛血为 75%，本地黄牛血为 25%

F_3 为三代杂种，含荷兰奶牛血为 87.5%，本地黄牛血为 12.5%

正时，就可选择一个理想品种的公牛与需要改良某些缺点的一群母牛交配，以纠正其缺点，使牛群趋于理想。这种杂交方法称为导入杂交或称改良杂交。例如，我国有些黄牛品种许多性状都很好，但存在尻部尖斜、后躯发育差的缺点，为保持原黄牛品种的优点而纠正存在的缺点，可引用一般性状良好，而且尻部宽、长、平，后躯发达的品种公牛进行导入杂交。一般导入交配 1 次，以后即将符合要求的杂种公、母牛相互交配。导入杂交方法如图 8。

3. 生产性杂交　生产性杂交的目的是获得具有高度经济利用价值的杂种后代，以增加商品牛的数量和降低生产成本，以满足市场需要。生产性杂交的方法很多，常用的是经济杂交和轮回杂交。

(1) 经济杂交　经济杂交就是利用两个或两个以上不同

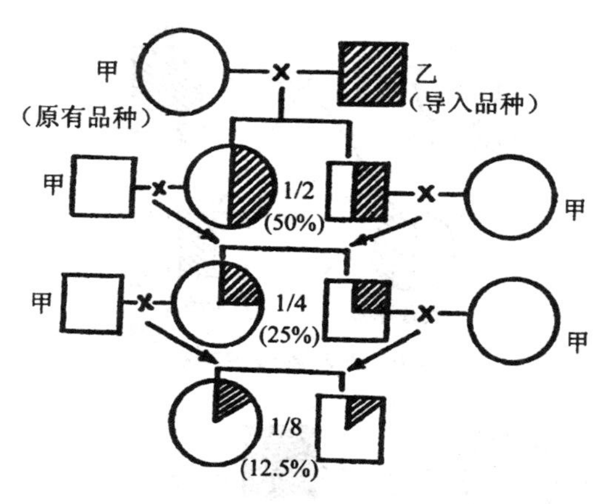

图 8　导入杂交示意图（分数表示外血成分）

品种进行杂交，专门利用一代杂种的杂种优势生产商品牛。例如利用西门塔尔公牛与本地黄牛杂交，所生的后代全部作肉用，这是两品种经济杂交。也有用西门塔尔公牛与本地黄牛杂交，所生的杂种后代母牛再用夏洛来公牛杂交，其后代全部作肉用，这种方法为三品种经济杂交。

在奶牛业也有采用经济杂交以提高牛群的产奶量和乳脂率的。如有的国家利用含脂率较高的娟姗公牛与黑白花母牛进行杂交，提高杂种后代的乳脂率。两品种和三品种的经济杂交方法见图 9 和图 10。

（2）轮回杂交　是在经济杂交的基础上进一步发展的生产性杂交。为了更好地利用杂种牛的优良特性，并继续保持杂种优势，可采用轮回杂交法。它是用两个或两个以上品种的公牛，先以其中一个品种的公牛与本地母牛杂交，其杂种后代母牛再和另一品种公牛交配，以后继续用没有亲缘关系的两个品种的公牛轮回杂交。杂种牛中的公牛和不好的母牛全

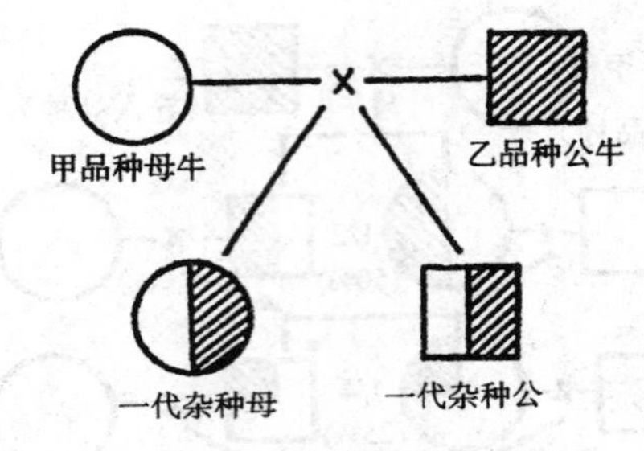

图 9　两品种经济杂交

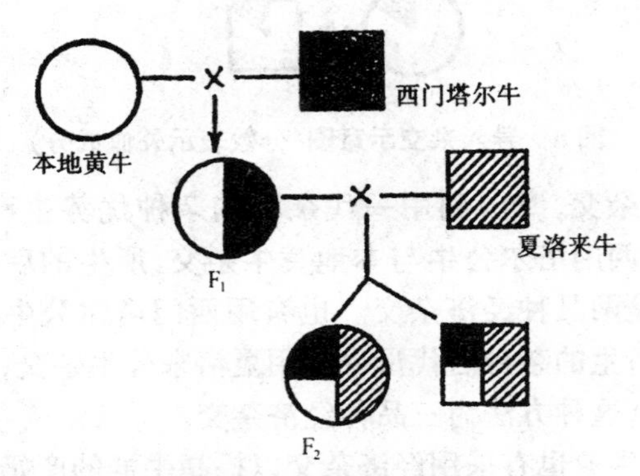

图 10　三品种经济杂交

部作肥育用，优良的杂种母牛则保留供繁殖用。

4．育成杂交　是指用两个或两个以上品种牛进行杂交，使它们的优良性状结合在后代身上，产生原来品种所未有的优良品质，当达到符合要求时，便选择其中优秀的公、母牛进行自群繁殖，以育成新品种。在育成杂交中，如果只用两个品种杂交称为简单的育成杂交，用两个以上品种进行杂交，称为复杂的育成杂交。

(二) 役牛的改良　目前役牛仍是农村耕作、运输的重要动力，因此，现阶段仍以役用为主。但随农业机械化的发展，有相当部分的役牛将逐步地转向役奶、役肉兼用或肉用、乳用方向发展。

1. *黄牛的改良* 我国黄牛具有耐粗饲、抗病力强、适应性好、遗传性稳定等优良特性，但也存在体型小、生产性能尚低之不足，特别是南方黄牛。对南方黄牛的改良重点是加大体型、体重，提高生产性能，逐步向役奶、役肉兼用或奶、肉专用方向发展。

如果准备向奶用方向发展，而且饲养管理条件较好的地区，可以引用黑白花公牛与本地黄牛进行级进杂交，且级进到第三代便在杂种牛间通过选种选配进行自群繁殖。若准备向肉用方向发展，则可采用下面的杂交组合。①先用西门塔尔公牛与本地黄牛杂交，所生的一代母牛再用肉用品种公牛来杂交，其杂种后代进行肥育作肉用。②用黑白花公牛与本地黄牛杂交，所生的一代杂种母牛再用肉用品种公牛杂交，其后代肥育作肉用。③选用适合当地环境条件的肉用公牛与本地黄牛杂交，其杂种后代肥育作肉用。④南方可用南德文公牛或辛地红公牛与本地黄牛杂交，一代杂种母牛再用肉用品种公牛杂交，杂种后代肥育作肉用。

以上几种杂交组合有利于提高母牛的产奶量，加大其体型。母牛产奶量多，就可使杂种犊牛获得较多的奶而更好地生长发育。

如果拟向役奶或役肉兼用方向发展，可引用西门塔尔公牛、黑白花公牛或辛地红公牛与本地黄牛杂交。山区的黄牛，虽然体格小，但对当地粗放的饲养管理和生态条件有良好的适应性，抗病力强，水旱地均可耕作，行走快，较灵活。因此，这些地区的黄牛可以本品种选育为主，逐渐加大体型，改进尻部尖斜的外貌缺陷而向役肉方面发展。如果饲养管理条件较好，也可适当引入外来品种与本地黄牛杂交，培育奶役或肉役兼用品种。

2．*水牛的改良*　水牛是东亚和东南亚的特产。西方国家原来不养水牛，如今也正在发展。我国不仅是世界饲养水牛最多的国家之一，而且有不少地方优良品种，如江苏海子水牛、云南德农水牛、福建福安水牛、四川德昌水牛、上海水牛、广东水牛以及湖南、湖北的滨湖水牛等。水牛耐粗饲，耐劳，性情温顺，它利用粗纤维能力之高是任何草食兽所不及的。水牛行走虽慢，但耐力强而持久；产奶量比不上奶用型黄牛，然而奶含脂率高（含脂率为9％～12％），如果经改善饲养管理，加强选育，水牛产肉、产奶的潜力将会得到发挥，是一种很有前途的家畜。

水牛的改良，现阶段可采用本品种选育，即在本地水牛中选择较好的公牛与较好的母牛交配，以提高其役用性能，日后随着农业机械化的发展，可逐步将部分水牛向役奶或役肉兼用方向发展，届时可引用摩拉水牛或尼里-瑞菲水牛与本地水牛杂交，以便加大本地水牛的体型，增加体重，提高产奶性能。

牛的改良工作应根据实际需要和当地条件有计划地进行。既要有适宜的杂交组合（即杂交时各亲本的搭配方式），又要有正确的饲养管理配合。否则很难取得好的效果。以往有些地区引用肉用牛品种与本地黄牛杂交，刚生下来的小牛体尺、体重均比本地黄牛所生的小牛大，但由于母牛奶少，又不补料，营养跟不上小牛生长发育的需要，致使杂种牛的生长发育受到影响，杂种优势得不到充分发挥，结果长得不快，肥育效果不佳。因此，开展品种改良工作不仅要很好地考虑杂交组合，同时又应注意饲养管理。

第六章　牛的营养需要与饲料

第一节　牛胃的结构及消化特点

一、牛胃的结构

牛为反刍动物，胃的容积大，构造与单胃家畜不同。马、猪、兔等家畜只有 1 个胃，故称单胃动物；牛有 4 个胃室，即瘤胃(第一胃、草胃)、网胃(第二胃、蜂巢胃)、瓣胃(第三胃、重瓣胃、百叶胃)、皱胃(第四胃、真胃)，所以也称为复胃动物。第一、二、三胃又统称为前胃，没有胃腺，不分泌胃液；真胃有胃腺，可分泌胃液，相当于单胃动物的胃(图 11)。

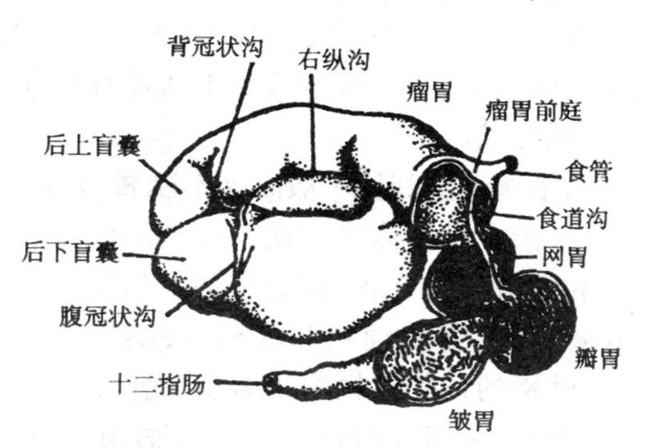

图 11　牛胃简图

牛胃容积的大小与牛的年龄、品种有关。成年牛胃的容积有 100～250 升，其中瘤胃约占全胃的 80%，网胃占 5%，瓣胃占 7%，皱胃占 8%。按重量计，瘤胃与网胃共占全胃重量的64%,瓣胃占25%,皱胃占11%。

二、消化特点

牛胃在结构上比单胃动物多了3个胃室,形成了牛对饲料消化的特殊性。

瘤胃的容积大,在瘤胃内有大量与牛“共生”的细菌和纤毛原虫(“共生”即牛和瘤胃内的微生物彼此互为依赖而生存)。据研究,1克瘤胃内容物中含有150亿~250亿个细菌、60万~100万个纤毛原虫。它们不仅数量多,而且种类也很多。牛所吃的食物主要依靠这些微生物进行发酵分解。消化不同的食物有不同类型的微生物参加。变换饲料时瘤胃内的微生物也随着改变。因此,变换喂牛的饲料应逐渐进行,使瘤胃内的微生物有个适应的过程,以利消化利用。

牛对粗纤维的消化能力很强。据研究,牛对纤维素的消化率可达50%~90%,而猪只有3%~25%。这是由于牛瘤胃内有大量的微生物,这些微生物在生活过程中能产生纤维素分解酶,将粗纤维消化。

瘤胃内的细菌还能利用一般家畜不能利用的非蛋白质含氮物,来构成细菌本身的体蛋白质。这些细菌随食物通过瓣胃进入真胃和肠道而被消化,成为牛的蛋白质来源。非蛋白质含氮物在青饲料、青贮饲料和块根、块茎类饲料中含量较多,尤其是在幼嫩的植物性饲料中含量更多。由于瘤胃内的微生物能将它加以利用,因而牛能够利用大量的青饲料。

瘤胃内的纤毛原虫具有分解多种营养物质的能力,它能将植物性蛋白质转化为更适合需要、营养价值较高的动物性蛋白质。这些纤毛原虫最后也随饲料进入真胃和肠道被消化吸收,成为牛的营养物质。

瘤胃内的微生物在活动过程中除能合成蛋白质外，还可合成B族维生素和维生素K。

网胃的作用与瘤胃相似。当它收缩时饲料被搅和，部分重新进入瘤胃，部分则进入瓣胃。瓣胃的作用是将瘤胃、网胃送来的食糜挤压和进一步磨碎，然后移进真胃。真胃的消化作用与单胃动物的胃一样。

根据牛的消化特点，在饲养上应充分利用瘤胃微生物的有利作用，尽可能大量地利用廉价而营养良好的青粗饲料，适当搭配一些精料，把牛养好。

第二节　牛的营养需要

牛对各种营养物质的需要因其品种、年龄、性别、生产目的、生产性能的不同而异，一般均需要水、能量、蛋白质、无机盐及维生素。

一、水　分

水分本身虽不含营养要素，但它是生命和一切生理活动的基础。据测定，牛体含水量占体重的55%～65%，牛肉含水量约64%，牛奶含水量为86%。此外，各种营养物质在牛体内的溶解、吸收、运输，代谢过程所产生的废物的排泄，体温的调节等均需要水。所以水是生命活动不可缺的物质。缺水会引起代谢紊乱，消化吸收发生障碍，蛋白质和非蛋白质含氮物的代谢产物排泄困难，血液循环受阻，体温上升，结果导致发病，甚至死亡。水对幼牛和产奶母牛更为重要，产奶母牛因缺水而引起的疾病要比缺乏其他任何营养物质来得快，而且严重。因此，水分应作为一种营养物质，加以供给。

牛需要的水来自饮水、饲料中的水分及代谢水(即新陈代谢过程中氧化含氢的有机物所产生的水),但主要是靠饮水。据研究,牛的代谢水只能满足需要量的5%~10%。

牛需要的水量因牛的个体、年龄、饲料性质、生产力、气候等因素不同而不一样。一般来说,牛每日需水量是:奶牛38~110升,役牛和肉牛26~66升,母牛每产1升奶需3升水,每采食1千克干物质约需3~4升水。乳牛应全日有水供应,役牛、肉牛每天上午、下午喂水两次,夏天宜增加饮水次数。

二、能　量

俗话说"饥寒饱暖"。意为动物肚饿,身寒无力,吃饱后便产热有力。不论是维持生命活动或生长、繁殖、生产等均需要一定的能量。牛需要的能量是来自饲料中的糖类、脂肪和蛋白质,主要是糖类。糖类包括粗纤维和无氮浸出物,在瘤胃中的微生物作用下分解产生挥发性脂肪酸(主要是乙酸、丙酸、丁酸)、二氧化碳、甲烷等,挥发性脂肪酸被胃壁吸收,成为牛能量的重要来源。

牛的能量指标以净能表示,奶牛用产奶净能,肉牛用增重净能。牛之所以用净能,这是因为牛的饲料种类很多,各类饲料对牛的能量价值,不仅能量的消化率差别很大,而且从消化能转化为净能的能量损耗差异也很大。而用净能表示则较能客观地反映各种饲料之间能量价值的差异,而不致过高地估计粗饲料的能量价值。

牛需要多少能量,不同种类、年龄、性别、体重、生产目的、生产水平的牛有所不同。为了便于计算,一般把牛的能量需要分成维持和生产两部分。维持能量需要,是指牛在不劳役、不增重、不产奶,仅维持正常生理机能必要活动所需的能量。由于维持的能量是不生产产品的,所以,它占总能量的比重越小，效率越高。

役牛体重按300～400千克计，每头每日维持需要净能17.97～20.48兆焦，从事劳役，则按劳役强度的不同，适当增加。一般轻役，每头日需净能24.82～33.11兆焦，中役需29.05～38.75兆焦，重役需32.98～49.97兆焦。

成年奶牛，体重450～550千克，每头每日维持需要净能11.07～40.38兆焦，每产1升含脂率3%的奶，需增加产奶净能2.72兆焦。每产1升含脂率为4%的奶，需要产奶净能3.17兆焦。

肉牛体重不同，维持需要净能也不一样。100千克体重，每头日需维持净能10.16兆焦，150千克体重需13.8兆焦，200千克体重需要17.14兆焦，250千克体重需20.23兆焦，300千克体重需23.2兆焦，350千克体重需26.08兆焦，400千克体重需28.76兆焦，450千克体重需要31.43兆焦，500千克体重需34.03兆焦。日增重不同，所需净能也不同。肉牛生长净能需要量见表10。

表10 肉牛增长0.5千克所需要的净能 （单位：兆焦）

体重（千克）	100	150	200	250	300	350	400	450	500
生长阉牛	3.72	5.02	6.23	7.40	8.44	9.49	10.49	11.45	12.41
青年母牛	4.14	5.60	6.94	8.19	9.41	10.53	11.66	12.75	13.79

肉牛在维持需要的基础上每千克增重所需的能量，青年母牛高于青年公牛，年龄大的高于年龄小的。

能量的单位过去常用卡（cal）、千卡（大卡）、兆卡表示，但根据我国计量法能量单位应用焦〔耳〕（J）、千焦、兆焦表示。“卡”被列为淘汰单位，但由于按旧的计量单位分析计算出饲料的能量并制定了饲养标准，其中还以“卡”为基础单位规定能量/蛋白质的比例,所以现在有的单位还以卡计量。所谓1卡(等于4.184焦)即1克纯水温度升高1℃(从14.5℃升到15.5℃)所需的热能。1千卡(kcal)就是1 000卡,1兆卡(Mcal)就是1 000千卡。

三、蛋 白 质

粗蛋白质包括纯蛋白质和氮化物。蛋白质是构成牛皮、牛毛、肌肉、蹄、角、内脏器官、血液、神经、各种酶、激素等的重要物质。因此,不论幼牛、青年牛、成年牛均需要一定量的蛋白质。蛋白质不足会使牛消瘦、衰弱、甚至死亡。蛋白质过多则造成浪费,且有损于牛的健康。故蛋白质的给量既不能太少,也不宜过多,应该根据其需要喂给必要的量。成年役牛在不劳役的情况下,一般每头每日维持需要可消化蛋白质185~220克,使役则按工作强度不同而增加。体重500千克的奶牛维持生命活动需要可消化蛋白质317克,每产含脂率4%的牛奶1升需要可消化蛋白质55克。体重200千克的生长肉牛维持需要可消化蛋白质170克,如果日增重0.5千克体重,则需可消化蛋白质350克。

蛋白质是由各种氨基酸所组成的,由于构成蛋白质的氨基酸种类、数量与比例不一样,蛋白质的营养价值也就不相同。牛对蛋白质的需要实质就是对各种氨基酸的需要。氨基酸有20多种,其中有些氨基酸是在体内不能合成或合成速度和数量不能满足牛体正常生长需要,必须从饲料中供给的。这些氨基酸称为必需氨基酸,如蛋氨酸、色氨酸、赖氨酸、精氨酸、胱氨酸、甘氨酸、酪氨酸、组氨酸、亮氨酸、异亮氨酸、缬氨酸、苯丙氨酸、苏氨酸等。含有全部必需氨基酸的蛋白质营养价值最高,称为全价蛋白质。只含有部分必需氨基酸的蛋白质营养价值较低,称非全价蛋白质。一般来说,动物性蛋白质优于植物性蛋白质。植物性蛋白质中豆科饲料和油饼类的蛋白质营养价值高于谷物类饲料。因此,在喂牛时用多种饲料搭配比喂单一饲料好,因为多种饲料可使各种氨基酸起互补作用,提高其营养价值。

蛋白质饲料较缺的地区可以用尿素或铵盐等非蛋白质含氮物喂牛,代替一部分蛋白质饲料。尿素[$(NH_2)_2CO$]也称为碳酰二胺脲,纯的尿素一般含氮为42%～46%,1千克尿素约相当于2.625～2.875千克蛋白质的含氮量。

牛之所以能利用尿素等非蛋白质含氮物,是因为瘤胃内的微生物能产生活力较强的脲酶,将吃进瘤胃的尿素分解,产生氨和二氧化碳。瘤胃内的微生物可利用氨和瘤胃内的有机酸合成氨基酸,并进一步合成微生物蛋白质,这些微生物最后随饲料进入真胃和肠道而被消化吸收,成为牛的营养物质。

反刍动物吃进的尿素变化情况:

①尿素$\xrightarrow{\text{脲酶}}$氨(NH_3)+二氧化碳(CO_2)

②糖类$\xrightarrow[\text{酶}]{\text{瘤胃微生物}}$挥发性脂肪酸(VFA)+酮酸

③氨+酮酸$\xrightarrow[\text{酶}]{\text{瘤胃微生物}}$氨基酸

④氨基酸$\xrightarrow[\text{酶}]{\text{瘤胃微生物}}$微生物蛋白质

⑤微生物蛋白质$\xrightarrow[\text{酶}]{\text{进入真胃、小肠}}$游离氨基酸

⑥游离氨基酸在小肠内被吸收,构成牛体组织

尿素的喂量一般以占日粮干物质的1%,或按100千克体重日喂20～30克,如1头体重400千克的牛,每日可喂80克。尿素的适口性差,最初1～2周内应将每日的喂量分数次混入精料或富含淀粉的糖类饲料中饲喂,也可用少量的水将尿素溶解,然后喷洒在稻草或干草上,晾干后喂牛,或在制作

青贮料时按青贮料量的0.5%加入饲料中一起青贮。

使用尿素时喂量不宜过多，也不得将尿素溶在水里直接饲喂，否则易引起氨中毒。这是因为喂量过多或溶解于水中直接饲喂，尿素在瘤胃内被脲酶迅速分解，产生大量的游离氨，由于产生氨的速度快于微生物利用的速度，瘤胃内的微生物来不及利用，多余的氨就会通过胃壁进入血液。如果吸收的氨量超过肝脏把氨转化为尿素的能力，氨在血液中的浓度便增高，当每100毫升血中氨氮含量超过1毫克时便发生中毒。万一发生中毒可及时灌服1.5～2.5升醋，或用2%的醋酸溶液1.5～2升灌服。由于尿素只含有氮，缺乏能量、无机盐及维生素，所以在使用尿素的同时应喂给一定量的糖类、无机盐及维生素，以提高尿素氮的利用率。

四、无 机 盐

无机盐又称为灰分，是牛生长发育、繁殖、产肉、产奶、新陈代谢所必需的营养物质。在牛体内有常量的钙、磷、钾、钠、氯、硫、镁等元素，也有微量的铁、铜、锌、锰、碘、钴、钼、铬等元素。

钙和磷是体内含量最多的无机盐，是构成骨骼和牙齿的重要成分。钙也是细胞和组织液的重要成分。磷存在于血清蛋白、核酸及磷酯中。钙不足会使牛发生软骨病、佝偻病，骨质疏松易断。磷缺乏则出现“异嗜癖”，如爱啃骨头或其他异物，同时也会使繁殖力和生长量下降，生产不正常，增重缓慢等。

骨中的钙和磷化合物主要是三钙磷酸盐，其中钙和磷的比例为3:2，所以一般认为日粮中钙和磷的比例以1.5～2:1较好，这有利于两者的吸收利用。

产奶母牛、妊娠母牛、犊牛需要较多的钙和磷。奶牛每100千克体重每天需增加钙6克、磷4.5克。每产1千克奶,每天约需4.5克钙、3克磷。200千克体重的肥育牛,日增重0.5千克每天每头需钙14克、磷13克。

钠和氯是保持机体渗透压和酸碱平衡的重要元素,对组织中水分的输出和输入起重要作用。补充钠和氯一般是用食盐(NaCl),食盐对动物有调味和营养两重功能。植物性饲料含钠、氯较少,含钾多,以植物性饲料为主食的牛常感钠和氯不足,应经常供应食盐,尤其是喂秸秆类饲料时更为必要。食盐的喂量一般按饲料日粮干物质的0.5%～1%,或按混合精料的2%～3%供给。

五、维 生 素

维生素是维持生命和健康的营养要素,它对牛的健康、生长和生殖都有重要的作用。饲料中缺乏维生素会引起代谢紊乱,严重者则导致死亡。由于牛瘤胃内的微生物能合成B族维生素和维生素K,维生素C可在体组织内合成,维生素D可通过摄取经日光照射的青干草,或在室外晒太阳而获得。因此,对牛来说,主要是补充维生素A。

维生素A又称抗干眼维生素、生长维生素,是畜禽最重要的维生素。它能促进机体细胞的增殖和生长,保护呼吸系统、消化系统和生殖系统上皮组织结构的完整和健康,维持正常的视力。同时,维生素A还参与性激素的形成,对提高繁殖力有着重要的作用。缺乏维生素A会妨碍幼牛的生长,出现夜盲症,公牛生殖力下降,母牛不孕或流产。

植物性饲料中虽不含有维生素A,而在青绿饲料中却含有丰富的胡萝卜素,绿色越浓胡萝卜素含量越多。豆科植物比禾本科的高，幼嫩茎叶比老茎叶高，叶部比茎部高。牛吃到胡萝卜素后可在小肠和肝脏内经胡萝卜素酶的作用，转化为维生素A。所以，只要有足够的青绿饲料供给牛就可得到足够的维生素A。冬春季节只用稻草喂牛往往缺乏维生素A，因此应补喂青绿饲料。

第三节　牛常用饲料的种类及特性

饲料是发展养牛业的物质基础。有了饲料又能合理利用便可把牛养好。牛的饲料种类较多，现把主要的、常用的介绍于后。

一、青　饲　料

青饲料是指天然牧草、人工栽培牧草及蔬菜类饲料等。它的特点是养分较丰富，粗蛋白质含量较高，一般达12%～25%，质量比子实类及农副产品好。粗纤维的含量在植物生长早期较低，后期则较高。青饲料适口性好，易于消化，但容积大，含水量多。在青饲料中豆科青饲料的质量比禾本科和蔬菜类饲料好。常用喂牛的青饲料有象草、玉米叶、花椰菜、白菜、甘薯藤、花生藤、野青草、甘蔗尾、胡萝卜等。

二、青贮饲料

青贮饲料就是把新鲜青绿多汁饲料，如玉米秸、甘蔗尾、甘薯藤、花生藤、象草、甘薯等，在收获后直接或经过适当风干后，切碎，密封贮存于青贮窖、壕或塔内，在嫌气环境下，经乳酸发酵而制成。它既能保持青饲料的营养价值，提高原料的适口性，又可调节青饲料的均衡供应，是喂牛的很好饲料。

（一）青贮的原理　青贮就是把新鲜的青绿多汁饲料切碎

后装进青贮窖、青贮塔或青贮壕内，压实密封，经微生物发酵而制成具有酸味、清香味的可口性饲料。这种饲料可保存几个月甚至几年。所以青贮是一种长期贮藏青绿饲料的好方法。

青贮的好坏关键在于创造一定的条件，保证在空气中和附于饲料上的有益细菌，如乳酸菌、酵母菌等的生长、繁殖，使饲料发酵，产生适量的乳酸，抑制其他有害菌类如霉菌、腐败菌、酪酸菌等的生长。乳酸菌是一种厌氧菌，在生长繁殖过程中需要一定的糖类和水分。因此，青贮的原料应含有一定的糖和适量的水分。糖分少则乳酸菌增殖慢，产生的乳酸极少，难于抑制其他杂菌的生长，不利青贮。水分含量过多或过少也不利青贮。水分过多糖分浓度变稀，汁液外渗，造成养分流失，而易使酪酸菌繁殖，使青贮质量不好；水分太少原料不易压紧，易造成好氧腐败菌繁殖，引起发霉腐败。用作青贮的原料要求含水分 65% ～ 70%。如果原料嫩，含水分可低于 60%；原料粗老，则含水量可高于 70%，若进行低水分青贮，其含水量应为 40% ～60%。同时，由于乳酸菌为厌氧菌，在青贮时务须将青贮原料切短、踩压紧密，以促进乳酸菌迅速生长繁殖，产生大量的乳酸，抑制其他微生物生长。当产生的乳酸达到一定量时乳酸菌也受抑制，从而停止生长，使青贮窖内形成无菌无氧的环境，使饲料得以长期保存。可作为青贮的原料种类很多，如玉米秸（最好连穗）、甘蔗尾、象草、甘薯藤、花生藤、甘薯等。

（二）青贮的方法

1．建窖地点　不论用青贮窖、青贮塔或青贮壕，其地点均应选在地势较为高燥、向阳、土质坚实、排水良好，且靠近牛舍的地方。

2．窖的大小　青贮窖必须坚固、不透气、不漏水，有条件的窖壁和窖底可用石块砌成。窖的大小则根据青贮饲料的数量和种类而定。原料种类不同,单位容积青贮料的重量也不同,一般每立方米约容饲料 450～650 千克。青贮窖的容量是以青贮窖的容积(立方米)乘上每立方米可容青饲料的重量。青贮窖的容积,因窖形不同,而计算方法各异。

方形窖的容积(立方米)=窖长(米)×窖宽(米)×窖深(米)。

圆形窖的容积(立方米)=窖底面积(米^2)×窖的深度(米)。

3. 原料准备 用作青贮的原料宜先切短,目的是使原料流出大量汁液,以利乳酸菌生长,同时也利于压实。

4. 填装 填装青贮原料要随装随铺平压实,尤其是窖的四周边缘更要压实,排出空气,减少留存空隙。

5. 封盖 窖装满后在青贮料上面盖上塑料薄膜,上面再铺一层稻草,然后盖土密封。若土质干燥可洒一些清水,使土质粘合坚固。盖土厚 60 厘米左右,将土堆成馒头形,以后经常检查,发现有下陷或裂缝要及时加土修补,以防雨水流入和透气,影响青贮饲料的质量。

(三) 开窖使用 饲料青贮经过 40 天后便可使用。开窖取用时,先将窖面的覆土及稻草除掉,如果最上一层的青贮饲料变成黑色,则取出不用,以后好的便逐层拿取。品质好的青贮料呈黄绿色,有芳香味和酸味,多汁,质地柔软可口。若呈黑褐色且带有腐臭味或干燥发霉则不宜用来喂牛。取出的青贮饲料应当天用完,不要留置过夜,以免变质。变质后的青贮料,牛吃了会导致疾病。

青贮饲料的用量一般成年役牛每头每日 10～20 千克,产奶牛 15～20 千克,青年母牛 5～10 千克。

三、粗 饲 料

粗饲料是牛的主要饲料，含粗纤维较多，在干物质中粗纤维含量在18%以上的饲料便为粗饲料。粗饲料包括干草、秸秆和秕壳类，它的特点是体积大，粗纤维含量高，营养价值较低。粗饲料中蛋白质的含量随其种类不同而有很大差别。豆科干草、豌豆蔓、花生藤、蚕豆蔓等含蛋白质较高，达10%～20%；禾本科干草6%～10%；秸秆、秕壳仅含蛋白质3%～5%，而粗纤维的含量却达25%～45%，质量较差。所以冬季喂牛不要单给稻草，如果只喂稻草，牛得不到需要的营养，就会消瘦、衰弱，甚至引起衰竭死亡。这也是冬末春初死牛的原因之一。

（一）干草 干草一般是指结籽前的青草晒制而成的饲草。它的营养价值与植物的种类、收割时期、调制方法及贮存得好差有关。优质干草含有丰富的粗蛋白质、胡萝卜素、维生素D及无机盐，是牛的好粗饲料。

（二）秸秆类 秸秆类饲料主要是指子实类作物的茎叶，如稻草、玉米秸、小麦秆等。这类饲料的特点是容积大，蛋白质含量低，粗纤维含量较高（秸秆类含粗纤维约25%～45%），消化率较低。

秸秆类饲料虽然营养价值低，但仍是牛的必要饲料。它来源广，含有纤维素、半纤维素，无氮浸出物中含有戊聚糖，这些物质借助于瘤胃微生物的发酵作用，可以被牛消化利用，作为牛的能量来源，同时可促进正常的瘤胃发酵，防止消化障碍。但是，单纯用秸秆喂牛营养较低，往往使牛食入的氮少于排出的氮，出现氮的负平衡，使牛体重下降。因此，在使用秸秆类饲料喂牛时，最好同时供给一定量的青饲料或蛋白质饲料以满足营养的需要。

秸秆类饲料容积大，质地粗，含有一定量的木质素，不易消化，最好通过切短、浸泡、碱化或氨化处理后喂牛，以提高利用率。优质粗料或干草可整株喂牛。适口性较差或较老的粗料宜切短（但不要短于3～4厘米，因为过短的秸秆，会使咀嚼不全，唾液不能充分混合，致使反刍停滞。另外，磨碎的秸秆如草粉会加速饲料通过瘤胃的速度，容易使粗料发酵不全，降低秸秆的消化率）或碱化、氨化处理后饲喂，以增加采食量，减少废弃，提高消化率。

含粗纤维较多的秸秆可装入水泥池或缸里，装到八成满后，盖上木栅，用石块压上，然后加入1%的生石灰水或3%的熟石灰水，浸泡12～24小时捞出，沥去残液后喂牛，或将秸秆（如稻草等）切短，每100千克加盐0.6～1千克、水150～160升（冬季加热水，夏天加冷水），充分搅拌均匀后装入水泥池内，踏实，上面用麻袋或塑料纸盖好，进行发酵，1天左右取出喂牛。也可用氢氧化钠进行碱化处理。即将切短的秸秆用1.5%～2%的氢氧化钠溶液浸泡24小时（大致100千克秸秆加800～1 000升氢氧化钠溶液，便可浸没秸秆），捞出用水将碱液冲洗后喂牛。秸秆经碱化处理可使不溶解的木质素变成易于溶解的羟基木质素，使植物细胞间的镶嵌物质与细胞壁松软，易被纤维素酶及各种消化液分解，提高采食量和消化率。但在碱化过程中饲料中部分蛋白质可能被溶解，维生素也将受到破坏。因此，一般营养含量较高的豆科秸秆，不宜采用碱化处理。

此外，还可以将秸秆进行氨化处理，即每100千克秸秆加3千克液氨（无水氨）。先将秸秆铡短至2～3厘米，然后均匀地洒上氨液。用塑料薄膜覆盖、封严，不使漏气，经过7～10

天取出秸秆晾干，使氨水消失，便可喂牛。

（三）秕壳类 秕壳类饲料是子实作物脱粒后的副产品，包括籽粒的外壳、不实粒及脱粒时附带脱落的穗轴、碎叶嫩枝等柔软部分，同时也会杂有泥沙、野草种子等。其营养价值略优于同一作物的秸秆。常用的秕壳类有豆荚、花生壳及风谷时吹出的不实谷粒和碎叶等。其中各种豆荚含蛋白质较高，质量较好；谷壳、花生壳等粗纤维含量较高（按干物质计约为45%～60%），消化率较低，蛋白质含量很少。

四、精 饲 料

精饲料是指禾本科和豆科等作物的子实及其加工副产品。一般含粗纤维较少，含能量和蛋白质较高。按糖类和蛋白质的含量的多少，精饲料分为能量精料和蛋白质精料。

（一）能量精料 饲料干物质中粗纤维含量低于15%，粗蛋白质含量少于20%，无氮浸出物（糖类、脂肪）占60%～70%的饲料属能量精料，包括禾谷类子实及其加工副产品和块根、块茎类饲料。用它来喂牛主要目的在于供给能量。能量精料在营养上的特点是淀粉含量高，粗纤维含量少，易于消化利用，蛋白质较少；钙少磷多，B族维生素多，维生素A、维生素D较缺。因此，用能量饲料喂牛最好配搭一些蛋白质饲料，同时适当补充钙和维生素A，以使牛的日粮营养齐全。

常用的能量精料有玉米、小麦、大麦、燕麦、碎米、谷粉、麸皮、细糠、甘薯等。

1．玉米 玉米的净能值较高，易于消化，无氮浸出物的消化率达90%以上，含蛋白质7%～9%。玉米的蛋白质中缺少赖氨酸、蛋氨酸和色氨酸，是一种养分不全面的高能饲料。使用时最好搭配适量的蛋白质饲料，并补充一些无机盐和维生素。

2．麦麸(麸皮) 麦麸是面粉加工的副产品，它的营养价值因面粉加工精粗不同而异。精粉的麸皮营养价值较高，粗粉的麸皮营养价值较低。麸皮含有丰富的B族维生素，蛋白质含量12%～17%，适口性好，具有轻泻作用和调养性，钙少，磷多。

3．米糠(细糠) 米糠含粗蛋白质、粗纤维较少，钙少，磷多。米糠含有较多的脂肪，不宜喂得过多，以免引起腹泻。另外，米糠易于氧化酸败，不应久藏。

4．甘薯 甘薯含淀粉多，含粗蛋白质和粗纤维较少，易于消化，适口性好。

(二)蛋白质精料 在饲料干物质中粗蛋白质含量高于20%、粗纤维含量低于18%的饲料属蛋白质精料。对牛来说，蛋白质饲料范围较广，包括一般含蛋白质丰富的油料子实及其加工副产品以及适于瘤胃微生物利用的非蛋白质含氮物，如尿素和二缩脲等。常用的蛋白质精料以榨油副产品为主，如大豆饼、花生饼、椰子饼、菜籽饼、棉籽饼等，豆腐渣也属蛋白质精料。

1．大豆饼(黄豆饼) 含蛋白质40%～45%，适口性好。生大豆含有抗胰蛋白酶，它有碍蛋白质的消化，使用时最好将生大豆炒熟或煮熟，把抗胰蛋白酶破坏。

2．花生饼(花生麸) 花生饼是一种良好的植物性蛋白质精料，含粗蛋白质40%～49%，适口性好。花生饼宜新鲜使用，不要久贮，否则易受潮变性，也易被黄曲霉污染。

3．椰子饼 椰子是广东、海南的特产之一。椰子饼含粗蛋白质18%～22%，粗纤维含量较高，钙、磷含量也较高。

五、无机盐饲料

含有畜禽所必需的矿物元素,用以补充日粮中无机盐的物质称为无机盐饲料。

牛要补充的无机盐主要是钠、氯、钙、磷。牛是以植物性饲料为主的家畜,而植物性饲料中含钠、氯较少,含钾较多,因此必须补充钠和氯。食盐含钠和氯,常用食盐来补充钠和氯的不足。牛日粮中钙和磷不足时,可适当选用钙、磷不同含量的无机盐饲料加以补充。常用来补充钙和磷的无机盐有:

(一)石灰石粉 石灰石粉是用石灰石粉碎而成。它是钙的补充料,每千克石灰石粉含钙350～380克。

(二)骨粉 骨粉是钙、磷很好的补充饲料,每千克含钙290～360克,磷120～150克。如果用作肥料的骨粉来喂牛,必须充分消毒才可使用。

(三)贝壳粉 贝壳粉是由各种贝壳(如蚬壳、蛤壳、蚝壳等)粉碎而成,含有较多的碳酸钙,每千克含钙320～380克,是较好的钙质补充料。

(四)磷酸氢钙 磷酸氢钙可作为牛的钙、磷的补充料,每千克约含钙220克,含磷180～210克。

(五)蛋壳粉 一般是用消毒后(或高温烘干)的蛋壳粉碎而成。主要成分为碳酸钙。每千克含钙300～350克。

第四节 牛日粮的配合

日粮就是牛一日内所采食饲料的总量。日粮配合是根据饲养标准和饲料的营养价值,选若干饲料按一定比例相互搭配,使其中含有的能量和营养物质符合牛的营养需要。在配合日粮时可按牛的年龄、体重、性别、生产性能和生理状态等情况,将牛群划分为若干条件相似的组,然后分别为每一组牛配合一个日粮即可。牛个体间需要量的差异可在具体饲喂时通过增减喂量加以调整。

一、日粮配合的原则

(一) 按日粮标准配合 不同生产用途的牛(如奶牛、肉牛、役牛),要分别选用相应的饲养标准作为配合日粮的依据。即配合奶牛的日粮应选用奶牛的饲养标准,配合肉牛的日粮选用肉牛的饲养标准。

(二) 要适合牛的采食量 即应考虑所给饲料的数量和饲料的适口性及可消化性。也就是说,所给的饲料既要使牛吃得下,又要吃得饱。如果饲料量过多,牛吃不完,便造成浪费,饲料量太少,牛吃不饱,则影响健康和生产性能。牛采食的饲料量,以干物质计,一般约占牛体重的2%~3%。

(三) 日粮饲料要多样化 饲料种类多,所含的营养物质能起互补作用,使日粮的营养较全面。

(四) 选用价廉质优的饲料 这样既可满足牛对营养的需要,又能降低生产成本。

二、日粮配合的方法

日粮配合的方法很多,手工计算方法有试差法、四角法、公式法等,有条件的可用电子计算机配制日粮。

配合泌乳母牛和肉牛的日粮有相似之处,也有不同的地方。泌乳母牛所需的营养包括维持需要(即不产奶而用于维持生命活动所需要的营养)和产奶需要。维持需要是根据奶牛的体重来计算的,体重大多喂,体重小少给;产奶需要是按奶牛产奶量和含脂率来计算。肉牛所需的营养,包括维持需要和增重需要，体重不同，日增重不同，其所需要的营养也不一样。现仅以泌乳母牛为例，简介日粮配合的方法。

（一）我国奶牛饲养标准 见表11～12。

表11 成年母牛维持营养需要

体重（千克）	日粮干物质（千克）	奶牛能量单位（NND）	产奶净能（兆焦）	可消化蛋白质（克）	粗蛋白质（克）	钙（克）	磷（克）
350	5.02	9.17	28.79	243	374	21	16
400	5.55	10.13	31.80	268	413	24	18
450	6.06	11.07	34.73	293	451	27	20
500	6.56	11.97	37.57	317	488	30	22
550	7.04	12.98	40.18	341	524	33	25
600	7.52	13.73	43.10	364	559	36	27
650	7.98	14.59	45.77	386	594	39	30
700	8.44	15.43	48.41	408	628	42	32
750	8.89	16.24	50.96	430	661	45	34

注：①第一个泌乳期的维持需要按上表基础增加20%，第二个泌乳期增加10%

②如第一个泌乳期的年龄和体重过小，应按生长牛的需要计算实际增重的营养需要

③放牧运动时须在上表基础上增加能量需要量

④在环境温度低的情况下，维持能量消耗增加，须在上表基础上增加需要量

⑤泌乳期每增加1千克体重需增加8个奶牛能量单位和500克粗蛋白质；每减少1千克体重可扣除6.56个奶牛能量单位和385克粗蛋白质

表 12　每产 1 千克奶的营养需要

乳脂率（%）	日粮干物质（千克）	奶牛能量单位（NND）	产奶净能（兆焦）	可消化蛋白质（克）	粗蛋白质（克）	钙（克）	磷（克）
2.5	0.31～0.35	0.80	2.51	44	68	3.6	2.4
3.0	0.34～0.38	0.87	2.72	48	74	3.9	2.6
3.5	0.37～0.41	0.93	2.93	52	80	4.2	2.8
4.0	0.40～0.45	1.00	3.14	55	85	4.5	3.0
4.5	0.43～0.49	1.06	3.35	58	89	4.8	3.2
5.0	0.46～0.52	1.13	3.52	63	97	5.1	3.4
5.5	0.49～0.55	1.19	3.72	66	102	5.4	3.6

（二）　日粮配合的方法（四角法）　四角法是一种简单的作图和计算相结合的运算方法，比试差法准确，适用于奶牛的饲料配方设计。

例如：成年奶牛体重 600 千克，日产奶 20 千克，乳脂率 3.5%。现有的饲料是，野干草、玉米青贮料、小麦麸、玉米、玉米粉渣、豆腐渣、豆饼、骨粉、石粉及食盐。配合该奶牛的日粮具体做法是：

1. 先查奶牛饲养标准和饲料成分含量　见表 13～14。

表 13　体重 600 千克日产乳 20 千克、乳脂率 3.5%的奶牛饲养标准（量/日·头）

区　分	干物质（千克）	奶牛能量单位（NND）	粗蛋白质（克）	钙（克）	磷（克）
维　持	7.52	13.73	559	36	27
产　奶	7.4～8.2	18.60	1600	84	56
合　计	14.92～15.72	32.33	2159	120	83

表 14 现有饲料成分含量

饲料名称	干物质(%)	奶牛能量单位(NND/千克)	粗蛋白质(%)	钙(%)	磷(%)
野干草	85.2	1.25	6.80	0.41	0.31
玉米青贮料	22.7	0.36	1.60	0.10	0.06
小麦麸	88.6	1.91	14.40	0.18	0.78
玉　米	88.4	2.28	8.60	0.08	0.21
玉米粉渣	15.0	0.39	2.80	0.02	0.02
豆腐渣	24.3	0.66	7.10	0.11	0.03
豆　饼	90.6	2.64	43.0	0.32	0.50
骨　粉	94.5	—	—	31.26	14.17
石　粉	97.1	—	—	39.49	—

2. 拟定青、粗料和副料的用量　假定日喂野干草 3 千克,玉米青贮料 15 千克,豆腐渣 5 千克,玉米粉渣 5 千克。由青、粗料和副料中获得的营养成分见表 15。

表 15 青、粗、副料用量和营养含量

饲料	用量(千克)	干物质(千克)	奶牛能量单位(NND)	粗蛋白质(克)	钙(克)	磷(克)
野干草	3	2.56	3.75	204	12.3	9.3
玉米青贮料	15	3.41	5.40	240	15.0	9.0
豆腐渣	5	1.22	3.30	355	5.5	1.5
玉米粉渣	5	0.75	1.95	140	1.0	1.0
合　计	28	7.94	14.40	939	33.8	20.8
尚　缺		6.98～7.78	17.93	1220	86.2	62.2

3. 求出各种精饲料和拟配精料混合料的粗蛋白质(克)/能量(产奶净能或奶牛能量单位)之比

玉米 = 86/2.28 = 37.72; 小麦麸 = 144/1.91 = 75.39; 豆饼=430/2.64=162.88。拟配精料混合料=1220/17.93=68.04。

4. 用四角法算出各种精饲料的用量

(1) 先将各种精饲料按粗蛋白质和能量比，一高一低搭配成组　用四角法画图测算。

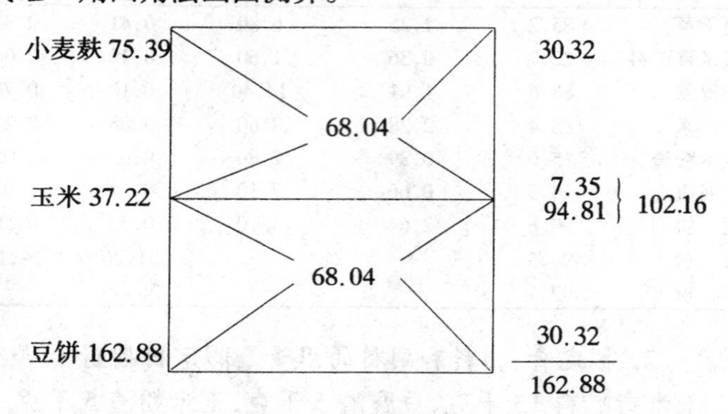

(2) 计算各精饲料的用量：

小麦麸＝(30.32/162.88×17.93)÷1.91＝1.75 千克

玉米＝(102.16/162.88×17.93)÷2.28＝4.93 千克

豆饼＝(30.32/162.88×17.93)÷2.64＝1.26 千克

(3) 验算精料混合料养分含量　并计算无机盐饲料的用量(表 16)。

表 16　精料混合料养分含量

饲　料	用量（千克）	干物质（千克）	奶牛能量单位（NND）	粗蛋白质（克）	钙（克）	磷（克）
小麦麸	1.75	1.55	3.34	252	3.15	13.65
玉　米	4.93	4.36	11.24	424	3.94	10.45
豆　饼	1.26	1.14	3.33	511.8	4.03	6.30
合　计	7.94	7.05	17.91	1187.80	11.12	30.10
与要求相差			－0.02	－32.2	－75.08	－32.10

由表16得知，混合精料中奶牛能量单位和粗蛋白质的含量与要求基本一致，不必调整。钙、磷不足，则用无机盐饲料补充。先用骨粉补足磷。

骨粉用量＝32.10/0.1417（每克骨粉中含磷量）＝226.53克≈0.23千克。

骨粉中含钙量＝226.53×0.3126＝70.81克。

尚缺钙量＝75.08－70.81＝4.27克。缺钙量可用石粉补充。

石粉用量＝4.27/0.3949（每克石粉含钙量）＝10.81克≈0.011千克。

混合料中另加1.5%的食盐，约合0.12千克。

混合料中另加添加剂预混料，大致0.08千克。

5．列出日粮配方和精料混合料的百分组成　该奶牛日粮的配方为：野干草3千克，玉米青贮料15千克，豆腐渣5千克，玉米粉渣5千克，小麦麸1.75千克，玉米4.93千克，豆饼1.26千克，骨粉0.23千克，石粉0.011千克，食盐0.12千克，添加剂预混料0.08千克。精料混合料配方中的组成比例是：玉米占58.82%，小麦麸占20.88%，豆饼占15.03%，骨粉2.75%，食盐1.43%，添加剂预混料加石粉1.09%。

第七章　牛的饲养管理

第一节　犊牛和青年牛的饲养管理

生产上和习惯上把6月龄内的小牛叫犊牛，其中7日龄以内的叫初生犊，4周龄以内叫幼犊。6月龄到第一胎产犊时统称青年牛或育成牛。第一胎产犊开始，则叫成年牛。

犊牛阶段是牛整个生命过程中生长发育最迅速的时期。对犊牛进行科学的饲养管理是增加牛只数量，提高牛群品质的重要环节，也是发展养牛业，不断提高牛群生产水平和扩大再生产的基础。因此，加强犊牛的培育很重要。

一、犊牛的特点

（一）组织器官尚未充分发育　因而对外界不良环境的抵抗力较低，适应性较弱，皮肤的保护机能较差，神经系统的反应功能也不完备。因此，初生犊牛较易受各种不良因素的影响而发生疾病。

（二）消化器官发育尚未健全　前胃容积很小，犊牛生后1～2周几乎不进行反刍，一般第三周才出现反刍。所以，初生犊牛整个胃的功能与单胃动物的胃基本一样，只有真胃起作用。因此，喂犊牛的食物应是富含营养且易被消化吸收的。随着犊牛年龄的增大和采食植物性饲料，胃的发育便逐渐趋于健全，消化能力也随之提高。

（三）新陈代谢旺盛，生长迅速　犊牛初期代谢旺盛，同化力强，生长发育速度快。但随着年龄的增长生长速度便逐渐变慢，尤其是到了性成熟期生长的速度很慢。不论哪种用途的牛在生长上均有一个共同的规律，即年龄越小，生长越快，饲料报酬也越高。

二、犊牛的饲养

（一）犊牛的护理和喂初奶 犊牛生下来后先用干净的布或毛巾擦净口、鼻腔及周围的粘液，以防犊牛吸入，造成呼吸困难。身上的粘液也用布擦干，以防受凉感冒。在正常情况下母牛会自行舐干，可不必人工帮助，冬天气温较低，最好协助擦干。另外，犊牛出生后脐带未断，应协助断脐带。方法是距肚脐一掌（约10厘米）处用5%的碘酒消毒，并用手把脐带中的血液向下滑挤出来后，在该处用消毒的细绳缚好，然后将它扯断，或不用绳缚便扯断，再在断面涂擦碘酒消毒。

犊牛生后第一次吃初奶前应称重、编号，然后移入犊牛舍或犊牛栏哺喂初奶。役用犊牛和肉用犊牛则让它跟随母牛吮奶。

初奶是指母牛生小牛后7天内所分泌的奶。初奶含有犊牛生长发育所必需的蛋白质、能量、无机盐及维生素，还有抗病的抗体。它是犊牛不可缺少的食物，对犊牛的生长发育有特殊的功能。初奶所含的营养物质常随母牛生小牛后时间的增加而逐渐下降（表17）。因此，为使小牛能获得较多的营养和发挥初奶的特殊功能，不仅要让小牛吃到初奶，而且要尽早吃到初奶。一般是在生后1小时左右就应第一次喂给初奶。这一次饲喂应尽可能让犊牛饮足。以后每天增加250～500毫升，或按犊牛体重的1/10～1/8计算，每天喂2～3次。初奶挤出后要及时饲喂，不宜久放。奶温应保持在35～38℃，如奶温过低，可将奶壶放在热水中隔水加热到38℃后再喂。

奶温过低,易引起犊牛胃肠道疾病,奶温过高则会损伤口腔和胃粘膜。

表 17　初奶成分的变化情况

分娩后的时间(小时)	比重	酸度(°T)	水分(%)	总蛋白质(%)	酪蛋白(%)	白蛋白与球蛋白(%)	脂肪(%)	乳糖(%)	灰分(%)	煮沸试验
当时	1.607	46	73.01	17.57	5.08	11.34	5.10	2.19	1.01	+
6	1.044	36	79.54	10.00	3.51	6.30	6.85	2.71	0.91	+
12	1.037	28	85.47	6.05	3.00	2.96	3.80	3.71	0.89	+
24	1.034	27	87.23	4.52	2.76	1.48	3.40	3.98	0.86	+
36	1.032	25	87.78	3.98	2.77	1.03	3.55	3.97	0.84	+
48	1.032	24	88.56	3.74	2.63	0.99	2.80	3.97	0.83	+
72	1.033	25	88.14	3.86	2.70	0.97	3.10	4.37	0.84	−
96	1.034	23	88.15	3.76	2.68	0.82	2.80	4.72	0.83	−
120	1.033	21.2	87.33	3.86	2.68	0.87	3.75	4.76	0.85	−
168	1.032	22.4	87.87	3.31	2.42	0.69	3.45	4.96	0.84	−

注:"+"表示发生凝固,"−"表示不发生凝固

如果产犊母牛的初奶因有病或其他原因不能利用,可喂其他母牛的初奶,若没有初奶则可用人工奶代替。人工奶的配方是:鸡蛋 2～3 个,新鲜鱼肝油 15 毫升,鲜牛奶 500 毫升,食盐 9～10 克,充分拌匀混合,隔水加热至 38℃后喂犊牛。

(二) 饲喂常奶　犊牛吃 5～7 天初奶后便转入饲喂健康母牛的常奶(常奶即母牛产犊后 7 天至干乳前 1～2 周所产的奶)。犊牛的哺乳期一般为 3～4 个月,总的喂奶量为 300～350 升,日喂 2～3 次,1 天的喂奶量可按小牛体重的 10%左右计算。

吃完母牛初奶的犊牛也可逐步改吃发酵初奶。发酵初奶

的制法是：将健康母牛所产的初奶放在塑料桶或缸中，加上盖，置于清洁的室内，让其自然发酵。为防止乳脂与乳清分离，每日搅拌1～2次，夏天发酵2～3天便可用来喂犊牛，冷天则稍长些。发酵好的初奶呈淡黄白色，有酸香味，酸度较高（总酸度大概在85～120°T）。发酵后的初奶若出现酸败，有臭味，色变红，就是变坏，不能使用。利用发酵初奶喂犊牛应按2∶1加热水稀释，即发酵初奶2份，加1份热水稀释后便可喂小牛。

给犊牛喂奶可用带有橡皮奶头的奶壶饲喂，也可用小桶饲喂。用小桶饲喂开始时可能有的犊牛不会吃，那就得人工训练，即用两个手指（要先将手洗净）放入犊牛口内，然后将犊牛嘴巴引入装有奶的小桶内，使犊牛随着吸吮手指而同时吸入牛奶，这样经过几次训练犊牛便会习惯吃小桶内的奶了。喂奶必须定时（即每天在一定的时间饲喂）、定量（根据犊牛的日龄、体重，按规定数量饲喂，不要时多时少）、定温（即奶温应保持35～38℃，热天奶温可低些，冷天宜高些）。

为促进犊牛的生长发育，增加瘤胃的消化功能，可适当提早训练犊牛吃植物性饲料（包括青草、青干草及混合精料）。犊牛的断奶时间应视生长发育情况而定，一般是以犊牛每天能吃1千克左右的犊牛料时便可断奶。役用犊牛一般6个月龄左右断奶。

（三）饮水　牛奶虽含有较多的水分，但犊牛每天吃的奶量有限，从奶中得到的水分不能满足正常代谢的需要。因此，除喂奶和适当补料外还应供给清洁的饮水。

三、犊牛的管理

管理犊牛主要在于搞好喂奶卫生，保持牛舍和牛体的清洁，给予适当的运动以及做好经常性的护理工作。哺乳用具要保持清洁卫生，每次喂完奶要用干净的毛巾把犊牛嘴边的残留奶擦干，并用颈枷挟住十几分钟，然后再放，以免互相乱舐，造成“舐癖”。牛栏要勤打扫，定期消毒，保持清洁干燥。犊牛一般应单栏饲养，这有利于犊牛的生长，也不必喂奶后擦拭嘴边残留的奶。

运动能增强体质，有利于健康。天气晴朗时，出生后7～10天的犊牛便可让它到运动场上自由运动半小时；一个月龄时运动1小时左右；以后随年龄的增大，逐渐延长运动时间。酷热的天气，午间应避免太阳直接暴晒，以免中暑。

犊牛出生后的头几周较易发病，尤其是易发生肺炎和下痢。因此，除及早让犊牛吃初奶外，应加强对犊牛的护理，搞好清洁卫生，以减少发病（肺炎和下痢的防治方法见第十章）。

四、青年牛的饲养管理

青年牛也称育成牛或后备牛，一般是指断奶后至第一次产犊前的小母牛或开始配种前的小公牛。青年牛由于不产奶和配种，它的饲养管理往往易被忽视，这是不应该的。其实青年牛的饲养也是很重要的。因为青年牛阶段是个体定型期，身体各组织器官都在迅速生长发育，饲养的好坏关系到日后的体型及生产性能。因此，对青年牛仍应合理饲养。

（一）青年牛的饲养　12月龄前的青年牛前胃的发育尚未充分，消化能力有限。因此，每天在喂一定量青粗饲料的同时，要适当补给混合精料，以刺激前胃的发育，满足其生长发育对营养的需要。

12～18月龄的青年牛前胃已较为发达，消化能力也较强，这时可以青粗饲料作为基本日粮。若青粗饲料质量好，可不必另给精料；如果青粗饲料质量不好，仍应供给少量混合精料，同时供给食盐和骨粉，以利于生长发育。

18月龄后青年牛已进入繁殖配种时期，这时在饲养上既不宜过分多加营养，致使牛体过肥，但也不可喂得过于贫乏，使牛体生长发育受阻，影响生产性能的提高。因此，在这个阶段应以品质优良的干草、青草、青贮料和块根、块茎类作为基本饲料，少喂精料。到了妊娠后期(分娩前3个月)，由于胎儿生长迅速，需要较多的营养，应适当补给精料，以满足母牛继续生长和胎儿生长发育的需要。

对留作种用的青年公牛要适当增加日粮中精料的给量，减少粗饲料量，以免形成“草腹”，影响种用价值。

(二) 青年牛的管理 犊牛满6个月龄后应即转入青年牛群，并将公、母牛分开饲养，加强运动，经常刷拭，以增强体质，增进健康。

种用小公牛和役牛满1岁左右便行穿鼻，戴上鼻环。牛的鼻环最好用铜或不锈钢制成，不要用铁制，以免生锈，腐蚀牛鼻，引起崩鼻。最初戴的鼻环宜小些，2岁以后便换上大鼻环。

役牛在1岁或1岁半时(黄牛1～1.5岁，水牛1.5～2岁)要调教使役。调教开始训练的时间不宜过长，每天上下午分两次进行，每次1～2个小时，中间要有休息。训练人员要有耐心，切忌急躁和粗暴。

对于青年母牛的管理还要注意掌握适时配种(生后16～18月龄，体重达350千克便行配种)。奶用小母牛在1岁左右或更早些便开始按摩乳房，每天按摩5～10分钟，其目的是促进乳腺生长发育，提高产奶量。对奶用青年母牛在育成期间要训练拴系、定槽、认位，以利于日后挤奶管理。

第二节 奶用母牛的饲养管理

一、母牛产奶的特点

母牛生小牛后即开始产奶，至干奶时止，这段时间称为一个泌乳期。一般一个泌乳期约为 10 个月（305 天），但也有不足 10 个月或超过 10 个月的。在一个泌乳期内各月的产奶量不完全相同，但有一定的变化规律（图 12），即母牛生小牛后

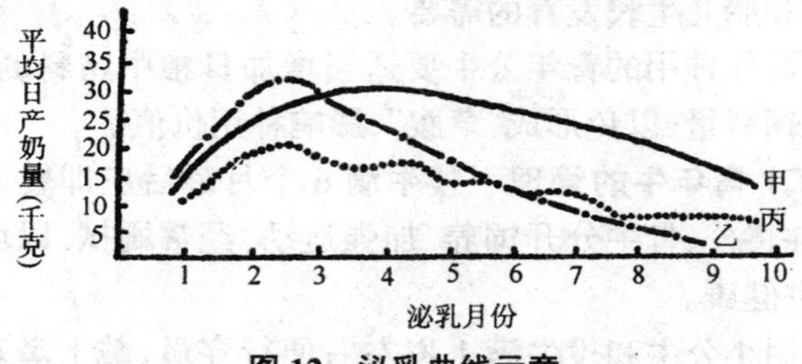

图 12 泌乳曲线示意

每日产奶量逐渐上升（原因是催乳素的分泌正在强化所致），经 30～60 天产奶量达到最高峰，之后便逐月下降（原因是催乳素的分泌量开始减少，母牛恢复性周期活动，产生的动情素对产奶有所抑制）。每月下降的速度与牛的遗传、饲养管理条件有关，一般为 5%～10%。高产牛产后的产奶量上升幅度大，下降较慢（如甲线）；中产牛上升快，下降也快（如乙线）；低产牛上升缓慢，高峰低于高中产牛，并呈波浪式逐步下降（如丙线）。据此规律，应在饲养上采取适当的措施，以促进产奶量迅速上升，在高峰期维持一段较长时间后平稳下降，以增加全泌乳期的产奶量。

在这个泌乳曲线中，甲线下降较慢，产奶量较高，乙线和

丙线下降较快，尤其是丙线，产奶量较低。

二、泌乳母牛的饲养

母牛分娩后便开始产奶，在一个泌乳期内按其生理特点分为泌乳初期、泌乳盛期、泌乳中期及泌乳后期。母牛各泌乳阶段的生理特点和要求不同，在饲养管理上也应该有所区别，以便发挥母牛的产奶潜力，提高产奶性能。

（一）泌乳初期 母牛生小牛后1～2周内为泌乳初期，也称恢复期。在此阶段母牛的消化功能减弱，产道尚未复原，乳房往往水肿，乳腺和循环系统的功能仍未完全正常，尤其是产犊后头几天，母牛食欲较差。因此，在饲养上需加以照顾，可喂给温热的麸皮盐水汤（即麸皮1～2千克，盐100～150克，加上温水，以补充分娩时体内水分的损耗）和优质的青草或青干草（让其自由采食）以及适量的混合精料。当母牛的食欲和消化好转后则逐渐增加混合精料，生产潜力大、产奶量高、食欲旺盛的母牛可适当多给，相反则少给。如果母牛产犊后乳房没有水肿，体质健康，粪便正常，在产犊后的第一天便可喂给多汁料和混合精料，1周左右可增加到足量。

为使母牛体况尽早恢复和防止由于大量产奶而引起产后瘫痪症，高产母牛在刚产犊的头几天不要将乳房的奶全部挤净，一般是产后第一天每次大约挤2千克左右，足够犊牛吃便可以了，第二三天逐渐增加，第四天可将乳汁全部挤净。每次挤奶后最好充分按摩乳房，并热敷几分钟，以促进乳房水肿早日消失。低产母牛和产后乳房没有水肿的母牛产犊后的第一天就可将奶挤净。

（二）泌乳盛期 母牛产后15天至2个月为泌乳盛期，高产牛可延续到第三个月。产犊2周左右的母牛一般体质已得到恢复，乳房水肿也已消失，乳腺功能活动日趋旺盛，产奶量不断增多而进到泌乳盛期。

此阶段饲养管理上主要是创造提高产奶量的条件，即供给足够的能量、蛋白质、无机盐及维生素，以促进母牛产奶潜力的发挥，使母牛的产奶量较快地达到高峰，而又能维持一段较长的时间。因此，除每天喂给较好的青粗饲料、块根类饲料外，还应供给足够的混合精料。混合精料的种类和比例，可按当地饲料情况选择，一般配合的比例大概是：玉米、大麦50%，麸糠类20%～22%，豆饼20%～25%，骨粉3%，食盐2%。

在升奶期间，除按母牛的实际产奶量喂给所需的混合精料外，应另外多加1.5～2千克精料，并随母牛产奶量的上升而继续增加，直到产奶量不再上升后再逐渐减少其额外所加的精料，即减少到所喂的精料与实际产奶量相适应的水平。这种饲喂方法有助于产奶潜力的发挥，促进产奶量的提高。

（三）泌乳中期　泌乳盛期过后至干乳期前1个月为泌乳中期。此阶段母牛的产奶量逐渐下降。这时应按母牛的体况和产奶量进行合理的饲养。一般每周或每两周根据母牛产奶量的变化来调整混合精料的喂给量。凡是体重下降较大的母牛和体弱的母牛，应适当比它的产奶量稍多给一些精料，使母牛不至于消瘦，但也不宜喂得过多导致过肥。

（四）泌乳后期　指干乳前1个月左右。这时虽然母牛由于胎盘激素和黄体激素的作用产奶量已显著地下降，本应减少营养，但母牛在此时已到怀孕后期，胎儿正在迅速地生长发育，需要较多的营养物质。因此，仍需供给一定量的营养，以满足胎儿迅速生长发育的需要，同时也使母牛有较好的体况，为日后提高产奶量打下基础。

饲喂母牛的饲料应尽可能多样化，使日粮中的营养物质互相补缺。饲喂要定时、定量，少喂勤添，每天饲喂次数与挤奶次数一致，即两次挤奶两次喂料，3次挤奶3次喂料。一般来说，母牛的日粮应以青粗多汁饲料为主，营养不足部分用精料来补充。高产母牛，由于产奶多，消耗的营养物质也多，需要的营养也就多，因此，除供给青粗饲料外，应多喂给一些精料。按干物质计，日粮中青粗饲料与精料的比例一般产奶母牛为6:4，高产母牛为5:5或4:6，低产母牛为7:3。产奶母牛需要的营养包括维持需要和产奶需要。维持需要根据母牛的体重大小来衡量，产奶需要按产奶量和含脂率来计算。

一般母牛每天的基础日粮为2～2.5千克，每产2.5～3千克奶加给1千克的精料。

三、泌乳母牛的管理

（一）搞好牛体、牛舍和挤奶卫生 每天刷拭牛身1次，以促进新陈代谢，有利于健康和生产性能的提高。刷拭牛身不要在喂料和挤奶时进行，以免尘土、牛毛等污物落到饲料和牛奶内。牛舍要保持清洁、干燥。

（二）饮水 水是不可缺少的营养物质，对产奶母牛特别重要。实践证明，奶牛饮水不足产奶量会下降，而有足够的饮水可使产奶量增加。因此，饲养产奶母牛必须供给充足清洁的饮水。

（三）运动 运动有助于消化，增强体质，促进泌乳。运动不足牛体易肥，降低产奶性能和繁殖力，也易发生肢蹄病，故应有适当的运动量。泌乳母牛除挤奶时留在室内外，其余时间可让它到运动场上自由活动。

（四）护蹄 蹄的好坏与牛的经济价值有很大的关系。

引起蹄不正常的原因很多,常见的是长期舍饲,运动较少,牛舍潮湿,卫生不佳或管理不当。因此,在管理上要让牛有适当的运动,保持牛舍清洁干燥和蹄部卫生,尤其是蹄叉。每年春秋两季定期修蹄。

四、挤　　奶

(一)牛奶的形成　牛奶是由乳腺泡的分泌细胞选择性地从血液中吸收所需要的营养物质,在细胞内加工合成乳蛋白质、乳脂肪、乳糖,并将这些合成品和从血中"过滤"渗入到乳腺细胞的无机盐、维生素、球蛋白以及水分等排到乳腺泡腔内,混合成为牛奶。

乳腺分泌细胞的代谢强度很高,它从血液中吸收大部分葡萄糖、乙酸盐和氨基酸来生产牛奶。据报道,奶牛每产1千克奶要有540千克血液流经乳房,让乳腺细胞从中吸收需要的营养物质。由于乳腺泌乳需要大量的营养物质,因此,在产奶期,就必须供给足够的营养。如果营养不足,奶牛为了产奶就要动用体内贮存的营养物质,从而导致母牛体重下降。

研究证明,奶牛产牛奶的各种营养物质是来自血液,而血液的营养物质则靠饲料提供。因此,要提高母牛的产奶量及奶的成分,就应科学饲养,供给足够的各种营养物质。

(二)牛奶的排出　奶的排出是一个复杂的生理过程,它受神经和内分泌的调节。当乳房受到诸如按摩、挤奶、犊牛吮吸等的刺激时便引起神经的冲动,沿传入神经进到脊髓和大脑,使脑下垂体前叶分泌催乳素促进和维持奶的分泌。脑垂体后叶分泌催产素促进排奶,同时乳头括约肌放松,奶汁便排出。但催产素的作用只能维持几分钟,过了这个作用时间奶的排出便有困难。因此,每次挤奶应在短期内完成(一般挤1

头牛的奶要求在7～8分钟内完成)，拖长挤奶时间，就会发生“卡”奶，即有奶而挤不出。

在挤奶过程中要保持安静，因为母牛在挤奶时如果受到异常的刺激，如粗暴的对待、高声的呼叫或突然更换挤奶员、改变挤奶环境等，都会受到刺激，引起排奶反射受到抑制，造成排奶困难，使产奶量下降。

（三）挤奶的方法 挤奶方法、次数及乳房按摩等均与挤奶量有关。挤奶的操作力求正确，挤奶次数和间隔时间要适合，一般日产奶15千克以下的母牛1天挤两次，15千克以上的日挤3次。每次挤奶的间隔时间尽可能保持均等。挤奶的方法有两种。

1．手工挤奶 挤奶前应先清除牛床的污草和粪便，准备好挤奶所需的用具，洗刷牛体后躯，尤其是乳房，并用毛巾擦干，然后进行充分的按摩，当乳房明显膨胀时便行挤奶。

挤奶时挤奶人员用小凳子坐在奶牛的右侧，将小口挤奶桶夹在两腿之间，挤奶过程要精神集中，争取在几分钟内挤完1头奶牛的奶。为保证奶的质量，最初挤出的第一二把奶最好另行处理(因为这些奶含细菌数特别多)。当大部分奶挤出后再按摩乳房将奶挤净。每挤完1头牛都应将奶过秤登记，全部奶牛挤完奶后就将挤奶用具洗净，晾干备用。

手工挤奶的方法分为拳握法和指挤法。拳握法也称压榨法，就是将乳头夹在每一边手的四指内，乳头的下端有少许露在外面，以拇指和食指握住乳头基部，然后连同中指、无名指和小指自上而下顺次压迫，将奶挤出(图13)。指挤法又称指拉法，是以拇指和食指捏住乳头基部，向下滑动，将奶挤出。这两种方法以压榨法较好，因为它的压力均匀，牛感到舒适，也不会破坏乳头。而指挤法较易损伤乳头，使乳头变形，母牛也不舒适。除乳头特别短小的母牛外,一般不宜采用指挤法。

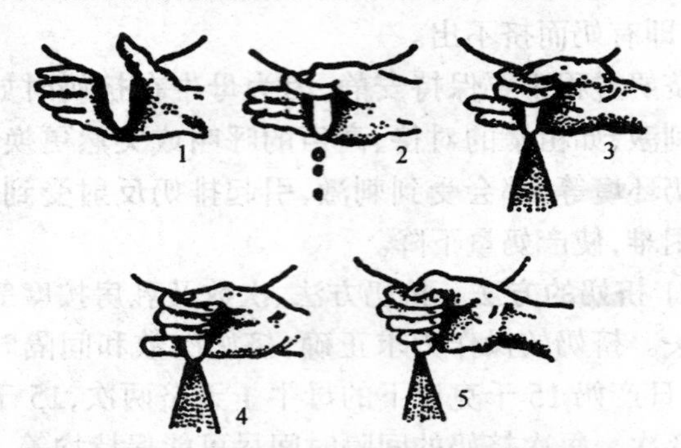

图 13　拳握法挤奶的手指动作示意

2. 机器挤奶　机器挤奶可减轻人的劳动强度,提高劳动效率,保持牛奶卫生。机器挤与人工挤不同,它不是用压力将奶挤出,而是利用真空造成乳头外部压力低于乳头内部压力的环境,使乳头内部的奶向低压方向排出。

五、干奶母牛的饲养管理

(一) 干奶的意义　母牛在产犊前两个月停奶,停奶至下次分娩泌乳这段时间称为干奶期。为什么泌乳母牛要有一个干奶期? 这是因为母牛经过一段较长时间的产奶和胎儿生长,母牛体内消耗较多的营养物质,为使母牛恢复体力,且积累一定的营养物质,以备下次生小牛产奶,同时也使胎儿能更好地生长发育,因此,需要有一定的时间停止挤奶。停奶时间多长较为合适,这要视母牛的具体情况而定,一般为 50～60 天。

(二) 干奶的方法

1. 逐渐干奶法　逐渐干奶是在 10～20 天内将产奶活动

停下来。方法是在预定停奶前2周左右开始逐渐减少青饲料、多汁料和精料，停止乳房按摩，改变挤奶次数和挤奶时间，加强运动，使母牛的产奶量逐渐减少而达到停奶。

2. *快速干奶法*　快速干奶较好，它是在4～7天内完成母牛停奶过程。方法是减去多汁料，适当减少精料，而以饲喂青干草为主，控制饮水，加强运动，减少挤奶次数，改变挤奶时间。由于母牛生活规律发生巨变使产奶量大大下降，经过几天，产奶量降到8～10千克以下时就可停止挤奶。最后1次挤奶应将奶完全挤净，并用盛有2%碘酒的小杯浸一浸4个乳头，后用抗生素软膏注入乳头，经处理后的乳头不要随便去动它。但要注意观察乳房的情况，如果乳房发热、肿胀、硬实，就应恢复挤奶几天，将奶挤净后再按上法进行干奶。

(三) 干奶母牛的饲养　干奶期正值母牛的怀孕后期，应加强饲养，使母牛得到必要的营养，以利胎儿的发育和母牛产奶性能的提高，但也不得饲喂过多而使母牛过肥。

母牛从停奶之日起到乳房恢复正常一般约需1～2周。在此期间最好少用或不用多汁料和副料(如糖糟、酒糟)，而以优质的青粗料为主，适当搭配一些精料。经过1～2周后乳房内的乳汁已被乳房吸收，乳房已恢复正常时，便可逐渐增加精料和多汁料。对高产牛和营养状况不好的母牛可适当提高日粮的营养水平，使母牛在产前具有中上的体况。在干奶的后期粗料和多汁饲料不宜喂得过多，以免压迫胎儿，引起早产。产前2～3天日粮中可加入一些小麦麸等轻泻性饲料，以防便秘。

喂给怀孕母牛的饲料质地要好，不要喂霉烂的饲料，也不得饮过冷的水，以免引起流产。母牛每天要有适当的运动，但应注意不要过分驱赶和避免互相挤撞，以防流产。

六、影响母牛产奶性能的因素

影响母牛产奶性能的因素很多,如牛的品种、个体、饲养管理、年龄与胎次、泌乳期、干奶期、产犊季节、挤奶及健康情况等。

(一)品种 牛的品种不同其产奶量和奶的组成也不一样。奶用牛的产奶量比肉用牛和役用牛高,在奶用牛品种中,黑白花奶牛的产奶量最高,但乳脂率较低(乳脂率约为3.6%~3.7%),娟姗牛的产奶量低于黑白花奶牛,然而乳脂率较高(乳脂率达5.5%~6%)。

(二)个体 同一个品种的奶牛,在同样的饲养管理条件下,个体不同其产奶量和奶的组成往往有较大的差异。如体格较大、体质健康、消化力强、代谢旺盛的奶牛,其产奶量一般比体格较小、体质不好、消化力弱的母牛高。

(三)饲养管理 据估计,母牛个体间的产奶量的差异有25%~30%是受遗传因素的影响,70%~75%是受外界环境的影响。在外界环境中饲养管理是影响母牛产奶性能最重要的因素,特别是饲料条件,对提高母牛的产奶量和奶中成分起着决定性作用。因为牛奶是由水分、蛋白质、脂肪、乳糖、无机盐和各种维生素所组成的,而这些成分则是从饲料中转化而来的。奶牛在长期饲料不足、营养不全的情况下不仅泌乳量急剧下降,而且奶中的成分也减少。因此,要提高产奶量就应进行合理的饲养。

(四)年龄与胎次 在一般情况下头胎母牛由于身体发育还未完全,乳腺组织尚未充分发育,所以产奶量较低,而以第四至第五胎的产奶量最高,以后各胎次的产奶量逐渐下降。

(五)泌乳期 母牛产犊后的泌乳量以第一个泌乳月末

至第二个泌乳月(高产母牛延至第三个泌乳月)为最高,以后便逐月下降。高产母牛一般每月下降4%~5%,低产母牛下降9%~10%。到了泌乳末期,由于胎儿的迅速发育,胎盘激素和黄体激素的加强抑制了脑垂体分泌催乳素,使泌乳量迅速下降。

(六)干奶期 在正常情况下母牛的干奶期为60天。干奶期长于100天或短于30天均会影响母牛的泌乳量。

(七)产犊季节和外界温度 据研究,黑白花奶牛的适温为10~20℃,气温低于8℃或高于25℃对奶牛的产奶量均有不良的影响。我国南方夏季气温较高,高温会影响母牛的代谢机能,造成食欲减退,泌乳量下降。因此,在夏季应采取降温措施,如遮荫、吹风、水浴等,以维持或提高母牛的产奶量。

(八)健康情况 母牛患病,不论是传染病或普通病都会影响正常的生理功能和新陈代谢,致使产奶量下降。

第三节 肉牛的饲养管理

一、肉牛与牛肉

肉牛也称为菜牛,一般认为,凡是专门为提供牛肉生产的牛均属肉牛或菜牛。它包括肉用品种牛,肉用品种与本地黄牛杂交的杂种牛,不作为种用而培养为肉用的奶用品种公犊以及肥育为肉用的本地黄牛和水牛等。

牛肉是人类的主要肉食之一,不仅味道鲜美,而且营养丰富,含蛋白质高,脂肪低,胆固醇较少,含有12种人体必需氨基酸,尤其是粮食中较少的赖氨酸、蛋氨酸和色氨酸,在牛肉中含量都较高。发展肉牛生产现已受到人们的重视,并正在加强育种和改善饲养管理,不断提高牛的产肉性能。

二、牛的肥育饲养

肥育饲养的方法有放牧肥育法和舍饲肥育法。

(一) 放牧肥育法 犊牛断奶后就转入肥育阶段,进行放牧肥育饲养,并在放牧过程中适当补喂一些草料。放牧肥育期长短与牛品种类型、牧草、饲养管理等条件有关。按我国河北围场牛场的经验,春季产犊放牧饲养,冬季适当补料,到翌年秋季杂交牛活重可达300千克出栏,全期18个月左右。如果放牧饲养经过两个冬季就得延长到2.5岁才能出栏。这样不仅出栏率降低,而且饲养成本也增加。

牛的生长发育特点是:出生后在充分饲养条件下,12月龄以前生长速度较快,以后则逐渐变慢,尤其是到性成熟时生长速度更慢。因此,肉牛的屠宰年龄以1.5～2岁较为适宜,最迟不超过2.5岁。

放牧肥育能充分利用自然资源,节省饲料。在放牧肥育的后期必要时也可以作短期舍饲补料,以促进增重,提早出栏。

为合理利用草地,提高草地的利用率,可将牧地分为若干小区轮流放牧。小区的数目和1次轮牧的持续时间要根据青草生长情况而定,一般是以保证牛得到足够的牧草而又不致草地被践踏过度为原则。为管理方便应将公、母牛分群放牧。在放牧时要注意供给充足的饮水和补喂食盐,每头成年牛日给30～50克。

为提高草场的载畜量可将草场加以改良,即将天然草场上的杂草和毒草除去,留下较大的空间让有用的牧草生长。在此同时补种较好的牧草或播上牧草种子,并适当施肥,这样经几年后便会长出较好的牧草,从而使草场的载畜量得到提高。另外也可建立人工草场，其方法是：将草场上原有的野草除去，人工混播豆科和禾本科牧草，同时适当施磷肥，这样既能促进豆科牧草生长，也有助于禾本科牧草生长，可以“以磷促氮，以氮长草，以草换肉”。

载畜量是指单位草原面积上所放牧家畜头数和放牧时间，通常用头日来表示。计算方法有两种。

$$载畜量=\frac{每公顷平均收割草量(千克)\times 收割次数\times 草场总面积\times 60\%}{全场牛平均体重(千克)\times 14\%\times 365}$$

$$载畜量=\frac{总产草量\times 可食率}{每头每日采食量\times 放牧日数}$$

$$可食率(\%)=\frac{实际采食草量}{总草量}\times 100$$

$$总产草量=放牧地面积(公顷)\times 每公顷产草量$$

(二) 舍饲肥育法 这种肥育饲养方法常用于成年牛和小公牛。为扩大牛肉来源，除了改善饲养管理，提高饲料利用率，使用无害有效的增重药剂，利用奶、肉品种杂交，发挥杂交优势来提高产肉性能外，也可利用淘汰的奶用母牛和小公牛进行肥育肉用，包括奶用母牛所生的小公犊。但我国不少奶牛场对不留作种用的奶用小公犊多数是在出生后便行淘汰处理，这很可惜，其实以奶用小公犊生产牛肉是增加牛肉来源的一条重要途径。在国外，奶用牛群生产牛肉早已采用，因为它比肉用牛群生产牛肉饲料利用较为经济。

在正常情况下，牛胎儿各部分的生长在各时期是不相同的，其中与生命关系较大的头部、内脏、四肢等发育较早，而肌肉、脂肪等发育较迟，由于初生犊牛的肌肉、脂肪和体躯发育较差，所以把初生犊牛宰来食用是很不经济的。因此，奶用小公犊最好肥育肉用。

从小公犊培育为肉用的饲养方法是:小牛出生后喂7天初奶,以后喂常奶,50天断奶。50天哺乳期总的喂奶量大约为180~200千克(表18)。

表18 50天哺乳安排 (单位:千克)

日期	1~7天	8~20天	21~35天	36~45天	46~50天
日喂量	5	5	4	3	2
小计	35	60	60	30	10

小牛出生后10天左右开始教吃混合精料,由于小牛开始不会采食,可在喂奶时,用少许混合精料涂在小牛嘴上,或放少许在饲槽内让其舐吃。为防下痢可在饲料中加入一些土霉素(每头50毫克)。混合精料的喂给量则随年龄加大而逐渐增加,青草或青干草也是由少至多,青粗饲料让牛自由采食。混合精料的配备是:玉米粉35%,麸皮8%,麦粉10%,豆饼35%,炒黄豆粉7%,骨粉3%,食盐2%。幼牛阶段,由于生长迅速,除供给必要的能量外,还应供给一定量的蛋白质(日粮中可消化蛋白质的含量在18%~20%),以便发挥幼牛肌肉迅速生长的特性,从而取得较大的日增重和较高的饲料报酬。

成年牛的肥育多数是来自屠宰场库存的牛或准备出售的菜牛。肥育的方法是:在屠宰前集中舍饲2~3个月(肥育前最好先行驱虫),增加喂料(包括混合精料、农副产品及青粗饲料),加强肥育。这种方法时间短,见效快,但消耗的饲料较多。

不论哪类牛的肥育饲养都要供给足够的饮水,特别是小公牛的肥育更要经常有充足的饮水供给,否则易使小牛饮污水或粪尿而引起腹泻。

牛是反刍动物，具有利用大量青粗饲料的能力。因此，在肥育饲养中尽可能少用精料，而充分利用价廉质优的青粗饲料及农副产品，配合比较全价的粗料日粮，提高饲料利用效率，加大采食量，做到在满足能量需要的同时，满足蛋白质的需要，以获得较好的日增重。对牛最经济的蛋白质来源是高产的豆科牧草和合成的非蛋白质含氮化合物(如尿素、铵盐等)。

(三) 放牧饲养的季节特点 牛放牧饲养的目的在于充分利用自然资源，以草换肉，以草换奶。牧草的生长及其所含的营养成分有其季节性变化。春季牧草复苏，水分多，蛋白质含量较高，粗纤维含量较低。夏季牧草蛋白质、无氮浸出物等的含量都较高。秋末牧草的营养成分含量有所下降，尤其是到了冬季，牧草的粗纤维含量大为增加，蛋白质含量明显下降。所以，在冬季单靠放牧饲养无论是采食量和所得营养均不能满足牛的需要。因此，采用全年放牧而不补料的饲养方式是极不经济的。最好在初秋青草开花季节，牧草营养价值尚高的时候收割晒干，制成青干草，或制成青贮料，或贮备一定量的其他草料，以便在枯草期补喂，使牛群正常生长和长膘。

三、增重剂的应用

凡能促进牛体肌肉增长，脂肪沉积，增加饲料采食量，提高饲料利用率的物质便称为增重剂。

增加肉类生产的途径不外有三个方面：一是改良品种，提高产肉性能，控制疾病，减少死亡；二是提高繁殖率和成活率；三是改善饲养，合理配料，促进增重。1950 年开始应用抗生素和激素掺入饲料或注入动物体内，使动物增加体重。1960 年美国采用增重剂，在牛、羊耳根皮下埋植，提高牛、羊对饲料的利用率，增加蛋白质的合成，促进体重增加。目前在养牛业上使用较多的增重剂有下面几种。

（一）“来勾”（Ralgro） 这是美国生产的一种玉米赤霉烯酮的衍生物，它与北京农业大学所配制的玉米赤霉烯酮相似。用量为每头牛（不分大小）在耳根皮下埋植 36 毫克，宰前 50～60 天停止用药。据试验，在同样的饲养条件下，埋植后的牛比未埋植的牛体重增加 10%～15%。

（二）“川不隆”（Synovex）埋植剂 由美国和法国生产，用法也是在牛耳根皮下埋植，每头牛 1 次量约为 36 毫克，宰前 60 天停药。

（三）EP_{218}促进剂 这是北京农业大学配制的产品。每片含有十八甲炔诺酮 200 毫克和雌二醇 20 毫克，每头牛耳根皮下埋植 20 片。据报道，被埋植的牛体重增加 15%～20%。

（四）瘤胃素（Rumensin） 瘤胃素是一种促进肉牛增重的饲料添加剂，它的有效成分是瘤胃素的钠盐。它适用于体重 180 千克以上的生长牛、肥育牛和放牧肥育牛。每天每头用 200 毫克或每吨饲料中加入 30 克，混合于精料中饲喂。

使用增重剂时，为提高增重效果，应使被埋植的牛保持正常的能量、蛋白质和无机盐的供应。

第四节　役牛的饲养管理

一、如何使役牛安全过冬

目前造成役牛冬春季瘦弱甚至死亡的原因主要是饲草缺乏，营养不足，管理不周，实质乃饲养管理问题。因此，要使役牛安全过冬就必须抓好饲养管理，使役牛生长发育正常，身体健壮，尤其是秋冬季的饲养管理更为重要。为使役牛能安全过冬应着重抓好下面几个环节。

（一）抓好秋膘　牛采食的饲料，经消化后可消化的营养物质被吸收，并通过血液循环将吸收的营养输送到身体各个部位，供新陈代谢之用。当吸收的营养物质满足牛的生命活动而有余时，便用于各种生产，如生长发育、产奶、长膘、劳役等。如所给的营养低于生命活动最基本的需要，牛就分解体内所积累的脂肪，甚至蛋白质，来满足生命活动所需，这样下去牛就会消瘦、衰弱，而在冬寒期间，遇上寒潮侵袭，能量消耗加大，结果便会导致衰竭死亡。因此，要养好牛就必须保证牛能得到维持生命活动和生产所需要的营养物质。

我国南方饲养役牛以放牧为主。牛体况丰满、壮健或者消瘦、衰弱往往与牧地青草的青嫩茂盛或枯黄凋萎有密切的关系。一般是牧草茂盛，营养丰富，牛的体况好；青草枯黄变老，营养下降，牛的体况就随之出现消瘦、衰弱。由于役牛终年自然放牧而未加补料，往往出现所谓“夏饱、秋肥、冬瘦、春衰”的现象。要使役牛冬季不致消瘦，春季免于衰弱，甚至死亡，除做好经常性的饲养管理外，务须加强冬季前的饲养管理，使牛在冬季枯草时期仍能保持健壮的体况，或争取有较多的增重。抓好秋季放牧饲养，使牛增膘复壮，就可为安全过冬打下物质基础。

秋季天高气爽，青草茂盛，营养丰富，蚊蝇干扰较少，牛的食欲正旺，只要加强放牧，让牛吃饱、吃好、饮足，便可使其肥壮。这是充分利用自然资源的有效措施。在放牧时最好选择水草丰盛的地方，使牛有充裕的时间吃草。如果当地初秋天气还热，太阳较烈，则应采取早、晚放牧，中午让牛在遮荫的地方休息反刍。因为天气太热牛不愿采食，即使放牧也收不到增加采食量的效果，反而有碍牛的休息与反刍，不利牛的生长和长膘。水牛的汗腺不发达，被毛稀疏，既不耐寒，也不耐热，天气炎热时应经常使它浸水，以便消散体热。

深秋以后草质渐老，营养趋于下降。应选择较好的草地放牧，以减少牛因草质不好而过多游荡选草，影响采食。

（二）备足越冬草料 入冬以后天气逐渐转寒，青草枯黄，粗纤维含量增加，蛋白质减少，营养下降。这时即使延长放牧时间，也难填饱，更无法得到需要的营养。因此，应及时抓紧转入冬季补料保膘阶段，特别是老年牛、体弱牛、哺乳母牛、怀胎母牛以及小牛，它们转入冬期补料保膘的时间应早些，以免较早退膘。为此，在入冬前就应贮备好整个冬春缺草季节所要补喂的草料。饲草的种类尽可能多样化，常用的草料有稻草、青干草、青贮饲料、花生蔓、玉米秸、高粱秆、甘蔗尾、甘薯藤、各种豆蔓等。贮备多少则根据当地缺草季节的长短和缺草的程度而定。一般来说，可按每头牛每天留 10～12.5 千克稻草或干草，如果是青贮饲料，则按 4 千克折合 1 千克干草或稻草。然后，根据各地冬季放牧能解决几成草料，将这些草料数减去，即为实际每日应留的草量。例如原计划每头牛日留 10 千克稻草，估计冬季放牧可以吃到三成饱，还欠七成，其实际日留草量即是 10×0.7=7 千克。如果缺草季节为 100 天，那么，每头牛过冬所要贮备的草量便为 700 千克，一般每头耕牛平均应贮备 750～1 000 千克稻草或干草（包括浪费的在内），但有农药残毒及霉烂的稻草不宜用来喂牛。

另外，还要准备一部分甘薯及一定量的谷物作为精料补给（如体弱的牛、带仔母牛、小牛等，可煮些甘薯水或米粥饲喂）。同时还应备足食盐，每头牛每日供给 30～50 克食盐，或平均每头牛每月留食盐 1 千克。

（三）适当补料　南方役牛冬季的饲草多以禾草为主，禾草的营养含量较低，特别是蛋白质和维生素的含量更低。据分析，稻草的营养成分为：水分 8.88%，粗蛋白质 3.59%，粗脂肪 2.43%，粗纤维 33.5%，无氮浸出物 37.13%，粗灰分 14.46%。每千克稻草约含有 4.54 克可消化蛋白质。1 头 300～400 千克体重的役牛，在农闲不劳役、仅维持生命活动，大约每天要 250 克可消化蛋白质，而这样体重的役牛一天最多只能采食 6～8 千克稻草，按每千克稻草含可消化蛋白质 4.54 克计，也不过吃到可消化蛋白质 27.24～36.32 克，这与实际需要相差很远。因此，只喂稻草是不能满足牛的营养需要的。

据华南农业大学试验，冬季休闲期役牛只喂稻草，每天该牛排出的氮比食入的氮多 5.6 克，即入不敷出，出现氮的负平衡。如果将 5.6 克氮折算为瘦肉则相当于 140 克，也即该牛每日要分解体内 140 克肌肉组织来维持生命活动的最低需要。虽然每日消耗的肌肉不多，但时间长了役牛必然日趋消瘦、衰弱，甚至死亡。因此，在冬季，除喂足稻草外，有必要喂一定量的青料或补喂一些含蛋白质较多的饲料。若青料不足，蛋白质饲料也缺，则可喂适量的尿素。因为牛能借助瘤胃微生物将尿素氮转变成为细菌蛋白质而加以利用，满足牛对蛋白质的需要。

（四）加强管理

1．*断奶后的公、母牛要分开饲养*　进行分群放牧，以防乱交早配，影响母牛的健康和小牛的生长发育。

2．*供给足够的饮水*　冬季放牧或喂稻草期间都要供给足够的饮水。饮水不足不但影响牛的采食，也影响牛对饲料的消化及利用，使牛被毛、皮肤干燥，精神不振，甚至发病死亡。俗话说“草饱、料力、水精神”,可见供水的重要。同时,供给的水要清洁,温度要适宜(水温以15～25℃为宜),水温过高、过低均会影响牛的饮水量。

3．做好防寒保暖工作　入冬前要检查牛栏,该修补的要及时修补,做到屋顶不漏雨,地面不潮湿,四壁不透风。入冬后舍内应铺垫草,以便保暖,特别是水泥地面和石地更应有垫草,且经常更换,以保持栏舍清洁、干燥。阴暗潮湿的牛栏极易孳长虱癞,影响牛的健康。

4．适当放牧　在南方,冬季天气虽较寒冷,但仍应适当放牧,使牛得到运动。早、晚气温较低,可迟出早归。若早上有结霜则待霜冻融化后放牧。这样既可使牛吃到一定草料,增加营养,又可获得运动,增进健康。长期关在舍内较易发生消化不良和肢蹄疾病。

5．勤刷牛身,消灭体外寄生虫　牛虱和疥癣,特别是疥癣也是影响役牛安全过冬的因素之一。为使役牛健康,尽可能每天刷1～2次。这样既有利于防止皮肤病和体外寄生虫病,又可促进血液循环,增强皮肤对寒冷的抵御能力。若发现有疥癣应及早防治(见第十章)。

二、役牛春夏季的饲养

(一)加强春寒期间的饲养　早春期间一般都较寒冷,特别是春节前后、阴雨期间,湿度大、气温低,役牛御寒热能消耗多,必须补给一些质量好的饲料,以增加御寒所需的热能,尤其是对老弱牛和小牛更需增加营养和加强护理。

(二)农忙前的饲养　俗话说“早喂喂在腿上,迟喂喂在嘴上”,“闲时没得食,农忙哪有力”。这说明提早喂好役牛的重要性和必要性。在农忙前1个月就应加强对役牛的饲养,使牛健壮长膘,劳役时有足够的力气。如果平时不注意饲养,使役牛瘦弱,等到农忙到来才临时加料是无济于事的。

在农忙之前除喂足稻草外,还要喂青料、甘薯藤、花生藤或甘蔗尾、花椰菜等,同时加少量的米糠及食盐。

(三)使役期间的饲养　役牛在使役时肌肉运动剧烈,热能消耗增多。因此,应比农闲时多喂一些富含糖类的饲料以补充能量的损失。同时,在劳役时蛋白质和无机盐的代谢也增强,消耗也增多,故需在补给糖类饲料的同时喂给一些蛋白质饲料和补给钙、磷及食盐等无机盐,以保持役牛身体健壮,提高役用性能。

牛是反刍动物,吃量大,采食时间短,反刍时间长。据观察,在牧草丰盛的情况下水牛每日采食的时间大概为 5～7 小时,反刍为 9～11 小时。黄牛每日采食 4～6 小时,反刍7～9小时,仅采食和反刍便要 10 多个小时。因此,在劳役期间应合理安排作业,以保证役牛有足够的时间采食和反刍,使牛得到必要的营养。草质差的地区最好在夜间补喂一些青料、甘薯粥或糠麸类饲料,以解决采食反刍及使役的矛盾。

役牛在使役时是不反刍的,故应在使役前把牛喂好、饮足,让它有一小时左右的时间休息反刍,然后才开始使役。不要吃饱后马上使役,也不要让牛饿着肚子去劳役,这些做法均会影响牛的健康,使牛生产能力下降。

役牛采食和反刍时间的长短与所喂饲料的质量、数量有密切的关系。饲料越粗,容积越大,采食和反刍的时间越长;喂精料,采食和反刍的时间较短。因此,在使役期间应尽可能少喂容积大、质地差的粗饲料,适当加喂一些精饲料,以缩短牛的采食和反刍时间,使其得到较多的营养。

在使役时应按役牛的健康、体况量力而为。有病的牛、刚配种的牛、临产母牛、刚产犊的母牛均不宜使役。怀孕后期的母牛和哺乳母牛要行轻役，且要加强饲养。同时，从农闲季节进入农忙季节，应在生产季节开始时，按从轻到重，从少到多，从短到长地逐步进行使役，不要一下子给牛负担过重的劳役，以免损伤牛的健康。俗话说，“不怕千日用，只怕一时劳”，就是这个道理。另外，夏收夏种季节天气炎热，中午太阳猛烈，使役应安排在上午或下午进行，以防中暑。

第五节　种公牛的饲养管理

养好种公牛对牛群的改良提高有重要的作用。为使种公牛体格健壮，性欲旺盛，精液优良，使用年限延长，应给予合理的饲养。

一、生长期的饲养

留作种用的公犊应给予良好的饲养，使它得到充分的发育。生后 4 月龄的公犊要与母犊分开饲养，因公犊比母犊生长快，需要的营养多，喂奶时间也相对长些，最好单独饲养。

断奶后的青年公牛宜饲喂优质干草和一定量的混合精料。酒糟、粉糟、糖糟等，含水分和糖分都较高，不宜多喂。品质不好的秸秆类粗料也应少喂，以免形成“草腹”，影响日后的配种。

二、成年公牛的饲养

饲喂公牛的日粮尽可能多样化，适口性好，易于消化，容积不宜过大。质量差的秸秆类饲料应少喂，以免造成营养不良。糖分含量较多的高能饲料也不要多喂，免于过肥，使配种能力降低。

种公牛需要的营养应根据它的体重、体况及配种负担来考虑。日粮中应含有较高的蛋白质、足量的无机盐和维生素。如 500 千克体重的公牛每日约需粗蛋白质 651 克、钙 32 克、磷 24 克、胡萝卜素 53 毫克。体重 1 000 千克的种公牛每日需要粗蛋白质 1 094 克、钙 53 克、磷 40 克、胡萝卜素 106 毫克。蛋白质、无机盐和维生素对公牛的健康、精液的形成以及精液的品质均有良好的作用。

公牛的日粮，可由青草或青干草、块根类及混合精料所组成。一般每 100 千克体重的公牛每天喂 1～1.5 千克干草或 2～3 千克青草、1～1.5 千克块根类、0.6～0.8 千克青贮料、0.5～0.7 千克混合精料。具体喂饲多少应根据公牛的体况和饲料的质量而定。对于种公牛要求体况中上，即既不过肥，也不太瘦。公牛过肥，爬跨困难，性机能衰退，过瘦也会影响性功能。

公牛的混合精料配合大致是：大麦、玉米 30%，糠麸类 35%，油饼类 25%，骨粉 3%，食盐 2%。公牛每日喂 3 次，其饲喂的顺序为先精后粗。青贮料因含较多的酸，一般不宜喂得太多，否则会影响配种和精液品质。

三、种公牛的管理

（一）穿鼻、戴鼻环　小公牛生后 1 岁左右便穿鼻、戴鼻环，最好自小开始每天牵拉运动，多加接近，使小公牛性情温顺。

（二）运动　每天都要坚持有一定时间的运动。运动不足或长期拴系会使公牛性情变坏，精液品质下降，易患肢蹄病和消化道疾病。运动也不宜过度，如果运动过度或劳役过重，对公牛的健康和精液品质同样有不良影响。公牛的运动方法，可采用牵引或从事轻便的使役，每天 2 小时左右，也可用钢丝绳牵引来回运动。

(三) 掌握公牛的配种次数 公牛的配种不要过密,一般以每周2次为宜。配种次数过多不仅影响健康,而且会使精液品质下降。也不要长期不配或很久才配1次,这样会使性欲减退。

(四) 刷拭和洗浴 每天要定时给公牛刷拭身体,冷天干刷,热天淋浴,以保持皮肤清洁,促进血液循环,增进健康。

(五) 护蹄 肢蹄的健康与公牛的利用年限和经济价值有关。要经常冲洗蹄部,尤其是蹄叉,要保持清洁。如果蹄形不正,应及时修蹄,以免继发四肢疾病,致使丧失配种能力。

第六节 牛的编号与标记

一、牛的编号

犊牛出生后即行编号。同一个牧场或生产单位不应有两头牛号码相同,有牛死亡或淘汰时不要以其他的牛填补该牛的号码,以免造成混乱。

二、牛的标记

已编号的牛应有标记。标记的方法有下面几种。

(一) 耳标法 用特制的耳号钳,在牛的左右两耳边缘打上缺口,以表示号码。例如右耳上缘的一个缺口代表1,左耳与此相对的缺口代表10;右耳下缘的一个缺口代表3,左耳与此相对的缺口代表30;右耳尖端的缺口代表100,左耳与此相对的缺口代表200(图14)。采用这种

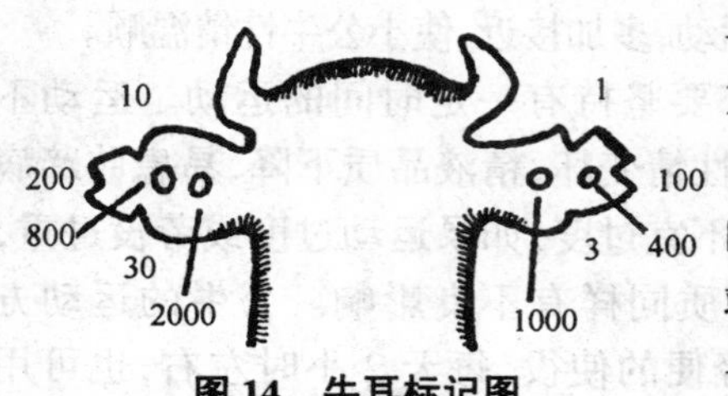

图14 牛耳标记图

方法时，在剪耳前必须用75%的酒精消毒耳缘，剪耳后，用5%碘酒消毒缺口处。犊牛剪耳号应在出生后7天内进行。

（二）角部烙字法 此法是用特制的烙印烧红后在角上烙号码。牛在2～2.5岁时就可在角上烙号。但这种号码不易识别。

（三）冷冻烙号法 冷冻烙号法是近年来使用较多的一种标记法。它是用干冰或液态氮在家畜皮肤上进行超低温烙号，破坏皮肤中产生色素的色素细胞而不损伤毛囊，以后烙号部位长出来的新毛为白色，明显易认，永不消失。

冷冻烙号的操作是先将牛保定，最好让牛在保定架内自然站立，免于绳捆造成惊恐。烙号部位以后躯尻部为好。烙号部位选定后，将该部位的被毛用剪毛剪剪短、剪平，被毛短的也可以不剪毛，但必须把被毛中的污物刷净。将冷冻剂（液态氮）倒入容器内，第一次使用的字号需在液态氮中浸10分钟。使用过的金属字号，重用时，仍在液态氮中浸10分钟，沸腾停止，即可使用。烙号时，烙号部位用95%酒精把被毛涂湿（目的是使温度均匀传导），然后立即把冻好的金属号按在皮肤上，并维持30秒钟左右（按时要有一定的压力，用力要均匀），如果在白毛的部位烙号时，按的时间应稍长些。在烙号过程中，遇到牛有移动，其烙号仍要按紧，并随之移动，达到烙号所需的时间后才取下，否则效果不佳。烙印取下后烙号字迹部位立即出现冻僵现象，变硬、凹进，如烙号印字的形状一样。烙印后皮肤变红且肿，约经10天左右，烙号部位毛发脱落，变为光秃，大概经2～5个月伤疤部位便长出白毛。

（四）耳带号 用特制带有号码的塑料小牌，带在牛耳上，这种牛号易认 也较美观。

第八章　牛场的建设

第一节　场地的选择

牛场的位置应选择离生产基地和放牧地较近，交通方便，水电供应便利的地方。不要靠近交通要道、工厂及住宅区（一般要求离交通要道不少于 500 米），以利防疫和环境卫生。

牛舍应建在地势较为高燥，地面有挡风屏障，南面有开阔场地，土质坚实，排水良好，且有向南倾斜的缓坡地。不宜建在通风不良和潮湿的山谷洼地，因为这些地方阳光不足，潮湿阴冷，且易被水浸。也不宜建在高山山顶，虽然高山山顶地势高燥，但风势大，气温变化剧烈，交通运输不便。

第二节　场地的布局

场地规划既要因地制宜，又要满足牛的生活需要，有利于生产，同时又经久耐用，便于饲养管理，提高工作效率。各建筑物要合理布局，统一安排。生活区、办公区要与生产区分开，且在生产区的上风。场地建筑物的配置尽可能做到整齐、紧凑、美观。要安排好下水道，规划好道路，并植树绿化。饲料调配室设在各饲养区中间，离各栋牛舍都较近，便于拿取饲料。饲料贮存室则靠近饲料调配室，以方便运输。病牛隔离室建在距其他牛舍 150 米以外的下风处，以免疾病的传染。

第三节　牛舍的建筑

建筑牛舍，应因地制宜，就地取材。既要经济，又需实用，便于饲养管理，有利于提高劳动效率，又应适合牛的生活要求，以便更好地促进牛的生长发育，提高生产性能。

一、奶 牛 舍

奶牛较适合的温度是 10～20℃，温度低于 8℃ 或高于 25℃ 对奶牛都有影响，尤其是高温高湿的环境对奶牛的产奶量影响较大。因此，建奶牛舍应坐北朝南或东南向。可采用三面有墙、有窗，南面有门，且常开。在南方可北面有墙，其他三面敞开，或四面无墙，全部敞开。门宽 2.5 米，高 2.1 米，不设门槛。每栋牛舍有 2～4 个大门。一般情况下，牛舍是奶牛喂料、挤奶、休息的地方，按牛在舍内的排列方式，分为单列式和双列式两种。采用哪一种应视牛的数量而定。在双列式中，按牛站立的方向不同，有对尾双列式（即牛尾巴相对）和对头双列式（即牛头相对）。对尾式牛舍的中间有一条通道，宽 150～180 厘米，通道两旁有排粪沟，成年牛的排粪沟宽 30～35 厘米，深 10 厘米，青年牛排粪沟宽 30 厘米，深 8 厘米。排粪沟向暗沟倾斜，以便排除粪水。舍内两边，有一条喂料走道，宽 120～130 厘米。

对头式的喂料道设在牛舍的中间，宽 150 厘米。排粪沟在牛床的后面，沟宽 30～35 厘米，深 8～10 厘米。不论对尾式或对头式，在牛床前面设有固定的水泥饲槽，宽 50 厘米，深 25～30 厘米。

不同品种和年龄的牛，牛床大小不一样。成年牛的牛床长 180～200 厘米，宽 120～130 厘米；青年牛的牛床长 160～180 厘米，宽 110～120 厘米；犊牛的牛床长 110～130 厘米，宽 80～100 厘米。牛床斜向粪尿沟的坡面一般为 1%～1.5%的斜坡度。

每栋牛舍的前面或后面要有运动场。运动场四周用围栏围起来，在运动场内设有饮水池，同时要有遮荫凉棚或其他遮荫设备。在南方气温较高，运动场的面积应适当大些，让牛群在运动场上休息。这样既可减少牛舍建筑面积，也有利于牛的健康。牛群较大的奶牛场还应设有犊牛舍和青年牛舍，以利于犊牛和青年牛的培育。

二、役牛和肥育牛舍

对于役牛尽可能做到有牛有舍，这样不仅有利积肥，也有利于役牛的生长和健康。役牛舍可采用三面有围墙，南面敞开，或三面有围墙，南面设半墙，或四面有矮墙。也可按当地习惯选用适合的牛舍。不论哪一种形式的牛舍，一般都应朝南或朝东南，以使牛舍冬暖夏凉，空气流通，光线充足。

牛舍内部的床位排列，分为单列式和双列式两种。采用哪一种则视牛数多少而定，牛头数少可采用单列式。牛在舍内用绳系留饲养，牛舍前面设有饲槽，宽 60～70 厘米，高50～60 厘米，其上装有横柱，距地约 165 厘米，供拴牛之用。饲槽前面有喂料道，宽 120～150 厘米。每头牛的牛床规格：黄牛床长 160 厘米，宽 110 厘米；水牛床长 170 厘米，宽 120 厘米。牛床后面有排尿沟，宽 30 厘米，深 10～15 厘米，倾斜度为 1%～2%，粪尿沟通往牛舍外的粪尿池。牛舍的地面要牢固耐用，可用三合土或水泥铺砌。牛舍的大门向外开，宽 150～200厘米，高 210～220 厘米。为了通风，应设有窗。窗的面积，按占地面积的比例为 1∶10～16。

肥育牛舍可因陋就简，地面要坚实牢固。气候温和的地区，可采用敞棚式，或北面有墙其他三面敞开，寒冷地区可在北面及两侧设置墙和门窗，冬季关上，夏季打开。牛床的排列有单列式和双列式，每头牛在舍内有相对固定的位置，每头牛的床宽 120～130 厘米，长 150～170 厘米。牛床前面设有饲槽，后面有排尿沟，宽 30 厘米，深 15 厘米。

第九章　牛产品的加工利用

第一节　牛奶的特性及其利用

一、奶的概念

奶是哺乳动物产仔后，从乳腺分泌出来的一种白色或微黄色、不透明的液体。在产奶期中，由于生理、病理及其他因素的影响，使奶的成分发生变化，按其变化的情况，分为初奶、常奶、末奶及异常奶。

(一) 初奶　母牛产小牛后5～7天内所产的奶称为初奶。初奶色黄而浓，有特殊气味。干物质含量较高，尤其是蛋白质和盐类的含量很高。在乳蛋白质中乳白蛋白和乳球蛋白的含量较多。初奶对热不稳定，加热较易凝固。因此，不能作为加工的原料。

(二) 常奶　母牛生小牛1周后至干奶前1～2周所产的奶，称为常奶。它的成分和性质基本稳定，是饮用和加工乳制品的原料。

(三) 末奶　系指母牛干奶前1周左右所产的奶又称老奶。其成分中，除脂肪外，其他成分的含量都高于常奶。

二、牛奶的化学成分

经分析证实，在牛奶中至少含有100种化学成分，主要的是水分、蛋白质、脂肪、乳糖、无机盐、维生素、酶等。在奶牛的奶中，其具体的含量是：水分占86%～89%，干物质占

11%～14%，其中脂肪占3%～5%，蛋白质占2.7%～3.7%，乳糖占4.5%～5%，无机盐占0.6%～0.75%。水牛奶化学成分含量高于奶牛奶。据分析，水牛奶的化学成分中，水分为78%～83.2%，脂肪为7%～11%，蛋白质为4.5%～5%，乳糖为4.5%～4.8%，无机盐为0.7%～0.8%。

正常牛奶的成分含量一般是稳定的。因此，可根据成分的变化判断奶的好坏。牛奶成分的含量与牛的品种、个体、年龄、产奶期、挤奶时间、饲料、疾病等因素有关。

三、牛奶的理化性质

（一）牛奶的颜色　正常新鲜的牛奶为白色或稍带黄色的不透明液体。牛奶呈白色是由奶中脂肪球、酪蛋白酸钙、磷酸钙等对光的反射和折射所致。呈微黄色是由奶中存在有维生素A和胡萝卜素、核黄素、乳黄素等色素造成。维生素A和胡萝卜素主要来自青饲料，所以，采食较多青绿饲料的牛所产的奶其颜色往往稍为黄些。如果新鲜牛奶呈红色、绿色或显著的黄色则属异常。

（二）牛奶的气味与滋味　牛奶中存在有挥发性脂肪酸和其他挥发性物质，所以带有特殊的香味。牛奶经加热后香味较浓，冷却后减弱。牛奶很容易吸附外来的各种气味，而带有异味。如牛奶挤出后在牛舍内久放，往往带有牛粪、尿味或饲料味。牛奶与鱼虾类放在一起则带有鱼虾味。牛奶在太阳下暴晒会带有油酸味。贮存牛奶的容器不良则产生金属味。饲料对奶的气味也有强烈的影响。因此，饲养奶牛不仅要注重提高产奶量，也要注意饲料的配合、环境因素以及贮奶的容器等，以便获得数量多和质量好的牛奶。

（三）牛奶的比重与密度　牛奶的比重是指在15℃时一

定容积牛奶的重量与同容积、同温度的水的重量之比(D15℃/15℃)。牛奶的密度是指20℃的牛奶与同体积4℃水的质量之比(D20℃/4℃)。

在相同温度下,比重与密度的绝对值差异不大,但因制作比重计时的温度标准不同,致密度较比重小0.0019(简化为0.002),正常牛奶的密度平均为1.03,比重平均为1.032。奶中无脂干物质比水重,因此奶中无脂干物质愈多,密度便愈高。初奶因无脂干物质多,所以密度较高,一般初奶的密度为1.038~1.04。在奶中掺水,密度会下降,每增加10%的水,密度约降低0.003,即普通牛奶比重计的3度。奶的密度与温度有关,温度升高,密度下降,当温度超过20℃时每升高1℃所测得密度应加0.002。温度低于20℃时每低1℃,所测得密度应减少0.002(相当牛奶密度计的0.2度)。

牛奶的比重或密度是检验奶质量的常用指标。测定奶的密度和含脂率,便可计算出牛奶总干物质的近似值。计算的公式是:

$$T = 0.25L + 1.2F + 0.14$$

式中 T代表总干物质含量百分数,L代表奶密度计读数,F代表乳脂率。

例如:已知牛奶密度计读数为30.5,乳脂率为3.5%,该奶总干物质含量是:

$$T = 0.25 \times 30.5 + 1.2 \times 3.5 + 0.14 = 11.965\%$$

(四)牛奶的酸度 刚挤下的新鲜牛奶酸度一般在16~18°T。这种酸度是由奶中的蛋白质、柠檬酸盐、磷酸盐及二氧化碳等弱酸性物质所构成的,故称固定酸度或基本酸度。牛奶挤出后,在存放过程中,由于微生物的活动,分解乳糖产生乳酸,使奶的酸度增高,这种因微生物作用而升高的酸度,称为发生酸度。基本酸度和发生酸度之和，称为总酸度。通常所说的牛奶酸度就是指总酸度。奶的酸度愈高对热的稳定性便愈低，新鲜度也愈差。

衡量新鲜牛奶的酸度是以滴定酸度表示，它是评定鲜奶新鲜度的指标。滴定酸度是指以酚酞作为指示剂，中和 100 毫升牛奶所消耗的 0.1 摩尔/升氢氧化钠溶液的毫升数。常用"°T"度表示。

测定方法是在一个三角瓶内加入 10 毫升被检牛奶，加 20 毫升蒸馏水稀释，再加 0.5% 的酚酞指示剂 0.5 毫升，用 0.1 摩尔/升氢氧化钠溶液滴定，直至粉红色，并在 20～30 秒钟不退色便为终点。这时记录所用去的氢氧化钠溶液量，将消耗的氢氧化钠溶液毫升数乘以 10，即为中和 100 毫升牛奶所用的 0.1 摩尔/升氢氧化钠的毫升数，这个数值就是被测牛奶的酸度，如用去 18 毫升，其酸度便为 18°T。

滴定酸度，除用"°T"表示外，也可以用乳酸量表示，其计算公式是：

$$\text{乳酸}(\%)=\frac{0.1\text{ 摩尔/升氢氧化钠毫升数}\times 0.009}{\text{供检试牛奶重量(克)}}\times 100$$

新鲜牛奶的滴定酸度在 16～18 °T 时，用乳酸量来表示则为 0.15%～0.16%。

检验牛奶的酸度，除用滴定酸度外，也可用煮沸方法、界限酸度法或酒精试验法。其中酒精试验法操作较简便，且在很短时间便得知结果，所以在生产上较多采用，但酒精试验法并非检验酸度的标准方法。酒精试验的方法是：在试管中加入 68%～70% 的酒精 2 毫升，再加入等量被检牛奶，迅速摇动混合，若出现白色沉淀，便为酒精阳性奶，酸度超过 20°T；如果没有白色沉淀，就为酒精阴性奶，酸度在 20°T 以下。

酒精之所以能检验奶的酸度，是因为酒精是一种脱水剂，它与牛奶混合，便起脱水作用，使原来在水中呈稳定状态的酪蛋白变为不稳定的干酪素而凝固沉淀。这种凝固沉淀与奶的酸度有关，一定浓度的酒精能使具有一定酸度的牛奶的酪蛋白发生凝固，奶的酸度愈高，则愈易凝固。

(五) 牛奶的冰点与沸点 因为牛奶中溶有无机盐和乳糖，所以牛奶的冰点低于水，沸点高于水，正常牛奶的冰点为－0.54～－0.57℃，沸点为100.2℃。

四、牛奶的污染及防止措施

所谓污染，一般来说，即一切异物（包括微生物）进入奶中均属污染。牛奶是人们的营养食品，也是微生物的良好培养基。因此，在挤奶、收奶及其加工过程中都较易被污染。务必在生产的各个环节加以注意，尽量减少污染。

(一) 挤奶前的污染 即使是健康奶牛所产的奶也往往含有一定数量的细菌，因为在两次挤奶之前，微生物常易从奶牛奶头管侵入。据试验报道，刚挤出的奶细菌数量最多，随着挤奶的继续进行细菌数逐渐减少，为提高奶的质量应尽可能保持奶头清洁，同时，每次刚挤出的第一、二把奶最好另行处理。

(二) 挤奶时的污染 挤奶时若不注意牛奶也易受牛体（特别是牛后躯、腹部、乳房、尾毛等）、用具以及挤奶员的手所污染。为减少污染，务必搞好牛舍的清洁，保持牛体（尤其是乳房）、挤奶用具等的清洁卫生。奶挤出后要及时过滤。

(三) 挤奶后的污染 牛奶挤出后若处理不当，如装桶、运输、过滤等工序若不注意卫生也会被污染。因此，应注意卫生，减少污染。

奶经过滤后最好及时加工利用，如果不能马上利用就应将奶迅速冷却（在5℃以下，一般以2～4℃为好），以便抑制奶中微生物的繁殖，保持奶的新鲜，延长奶的保存时间。如果在2～4℃的温度下保存，以不超过2天为宜。

五、鲜奶的处理

鲜奶也称原料奶或生奶，是指从健康母牛乳房挤出的新鲜未经杀菌的乳汁。刚挤出来的鲜奶应及时处理。有条件的可自行检验（包括奶色、气味、比重、酸度、含脂率等）后便行加工处理，制成各种奶制品，如消毒牛奶、酸奶、奶饮料等。没有条件加工的也应及时送到收奶站或乳品厂，进行处理，以免将鲜奶放置时间长，而使奶变坏。

牛奶挤出后最好及时冷却至4℃，这是保证牛奶新鲜度最有效的方法。因为刚挤出来的牛奶温度约在36℃左右，此温度正是微生物生长繁殖的适宜温度，若不及时冷却，落入奶中的微生物便会大量繁殖，使奶的温度升高，而导致奶变酸、变坏。冷却的方法可用片式热交换器，也可用表面冷却器（冷排）或用冷水冷却。

第二节　牛肉的成分和保藏

一、牛肉的化学成分

牛肉的化学成分，主要是水分、蛋白质、脂肪、糖类、无机盐、维生素等，其含量随牛的品种、年龄、性别、个体、肥度、饲料及肌肉部位的不同而有差异。一般牛肉的成分是：水分60%～74%，蛋白质18%～22%，脂肪6%～15%，糖类0.2%～0.3%，灰分0.8%～1%，牛肉中水溶性维生素含量较多,脂溶性维生素较少。

二、牛肉的保藏

新鲜的牛肉和其他肉类一样,都是易被微生物污染和酶的作用而引起变味变质的食品。延长牛肉的保藏期,主要是抑制微生物的生长繁殖和酶的活性。其保藏的方法有:低温保藏法、干燥法(脱水法)和盐渍保藏法。

第三节 牛皮的初加工和保存

一、生皮的初加工处理

牛屠宰后剥下的鲜皮,在未经鞣制之前均称为“生牛皮”或“原料皮”。鲜皮大部分不能直接运往制革厂进行加工,而需要进行初步加工处理。初加工主要是清理和防腐。

(一) 清理 清理就是将屠宰后剥下的鲜皮,用手工割去耳朵、蹄、尾、骨、嘴唇等,再用铲刀或削肉机,除去皮面上的残肉和脂肪,然后用清水洗涤粘污在皮上的脏物及血液等。

(二) 防腐 防腐的方法很多,在生产中经常采用的有盐腌法、干燥法、盐干法及盐酸法。

1. **盐腌法** 盐腌法是利用食盐防腐。其方法有:干腌法(撒盐法或直接加盐法)和盐水腌法(浸盐法)。干腌法是将经清理且沥干水后的生皮,把肉面向上,毛面向下平铺,把盐均匀地撒在生皮的肉面上,最后再铺上另1张生皮,并作同样的处理。这样层层堆集,可叠成1～1.5米高的皮堆,盐腌期为6天左右。皮腌透后取出晾晒。盐的用量为皮重的35%～50%。盐水腌法是把生皮先在25%浓度的盐水中浸泡1昼夜,取出沥水2小时后进行堆积,堆积时再撒上占皮重25%

的干盐。

2．干燥法　把鲜皮肉面向外挂在通风的地方，让其自身晾干。但要避免在强烈阳光下暴晒。

3．盐干法　此法是盐腌和干燥两种防腐法的结合。将经过盐腌后的生皮，再进行干燥到水分含量为20%左右。

二、生皮的贮存

鲜皮经初步加工处理后及时送入仓库内贮藏。贮藏室要通风良好，光线充足，避免日光直接照射皮张。室温不超过25℃，相对湿度为65%～70%。贮藏时将整张生皮完全铺开，使上面1张皮的毛面紧贴下1张皮的肉面，层层堆叠。最上面再覆盖1张生皮，并在上面撒上1层食盐。在仓库内堆皮时应堆在木制的垫板上，不要堆在地面上。

第十章　牛常见病的防治

牛流行热

牛流行热又叫牛暂时热、三日热，是由一种病毒引起的急性、热性传染病。

本病的传染媒介是吸血昆虫。由于发病往往在雨量充沛、库蠓大量孳生之时，因而认为库蠓是一种重要的传染媒介。通常只有牛发病，其他动物有抵抗力。这种病传播很快，一次流行能使很多牛发病。一般发病率 10%～50%，有的可达 78%。病程较短，死亡率不高。奶牛群发病产奶量明显下降，且不容易恢复到原来的水平，可引起很大的经济损失。

【症　状】 潜伏期 2～3 天，以后突然高热、寒战、眼睛和鼻子流出浆液性分泌物。奶牛产奶量突然下降，牛奶中有时混有血液。典型的症状是肌肉剧烈疼痛，四肢的几个关节和腱鞘发生波动性肿胀，瘸腿，动作僵硬，不愿活动，并力图减轻痛肢的负担。通常 3～5 天后自然好转、康复。

【防　治】 目前还没有特效治疗药物。可采取对症治疗，如给予退热药、强心药，注射葡萄糖液和生理盐水、抗生素、磺胺药防止继发感染，同时加强护理。病畜要隔离治疗，驱除吸血昆虫，以减少疾病的传播。

结　核　病

结核病是人畜共患的慢性传染病。奶牛的感染率较高，对奶牛业的危害很大。

本病的主要传染来源是患结核病的动物，主要是结核病牛。每一头病牛对周围的牛都有很大的威胁。多数病例的原发性病灶出现于肺脏，可见呼吸道感染是主要的传染途径。舍饲时以病牛喷出的飞沫和含有结核杆菌的尘土所起的作用最大。有一部分病牛是通过消化道感染的，在这方面犊牛多于成年牛。此外，交配时可以发生接触性传染，患有子宫结核的病牛也可使胎儿在子宫内感染。

【症　状】 病初症状不明显，随着病程的发展，症状才逐渐显露出来。病牛一般表现为日渐消瘦，精神不振，咳嗽，被毛粗糙无光，食欲不振，产奶量下降。

【预　防】 凡重视预防工作，采取得力措施的，都在消灭或控制本病上取得了一定的效果：牛群健化，产奶量大幅度上升，经济效益显著。主要措施是：

1．检疫　每年春秋各进行 1 次结核检疫，发现阳性牛要立即隔离。出现阳性牛的牛群，每隔 30～45 天检疫 1 次，连续 3 次检疫不再发现阳性反应牛时才认为是健康牛群。对健康牛群要加强预防，防止重新感染。

2．不从不安全单位引进牛只　引进时要先经过检疫，证明没有结核才能引进。

3．隔离观察　对新引进的牛要隔离观察 1～2 个月，经临床和结核菌素试验证明无病才能混群。

4．防止患结核病的人畜接近牛群　结核病患者不应接近牛群。牛场内也不要养鸡，以免结核病鸡对牛造成威胁。

5．处理病牛　经过检疫隔离的病牛要根据具体情况适当处理。开放性结核牛及早屠宰，经高温无害处理后利用。没有开放性临床症状，但结核菌素试验阳性反应的牛集中隔离饲养，经常检查是否从牛奶中排菌，发现奶中带结核菌的牛要及早处理。

6. *病牛所产的小牛要隔离饲养* 小牛用结核菌素皮内注射法检疫3次。生后20～30天进行第一次检疫,3月龄时第二次,6月龄时进行第三次。阴性者送入假定健康群,培育健康牛。

7. *粪便处理* 隔离牛群的牛舍、粪便及用具等要经常消毒。消毒可用3%～4%福尔马林,2%～3%热火碱水。粪便烧掉或发酵消毒。

【治 疗】 常用的抗结核药物有异烟肼、链霉素、卡那霉素、对氨基水杨酸钠、利福平等。适当治疗也有较好的疗效。结核病的治疗时间长、费用大,经过治疗的牛,有些由于某种原因会继续排菌传染周围的牛,所以对病牛最好是早期处理。

布氏杆菌病

布氏杆菌病是一种人兽共患的传染病,牛患本病以母牛流产为特征,对养牛业危害很大。

本病的病原体是流产布氏杆菌。无论公牛、母牛对这种病原体都容易感染。除牛以外,羊、猪、马、骡、驴、猫、狗以及许多野兽都有易感性。人感染后表现为波浪热、关节痛,群众称之为懒汉病。病牛是牛布氏杆菌病的主要传染源。病牛流产或者足月正产时,大量的病原体随着阴道分泌物、胎儿、胎水、胎膜和以后的恶露排出体外,对周围还未感染的牛构成非常大的威胁。易感牛可能主要是吃了被布氏杆菌污染的饲料、垫草或者用舌头舔了污染器物经消化道感染。引进已经感染但没有临床表现的牛容易使布氏杆菌病传入。

【症 状】 病原菌侵入牛体后,喜好在骨髓、关节、腱鞘、滑液囊、淋巴结、子宫、胎盘、胎犊等部位繁殖,从而引起一系列病理变化及症状。母牛最主要的临床症状是流产。流产多发生于妊娠后5～8个月之间，流产胎儿可能是死胎或弱犊。流产之后常发生胎衣滞留，不断从阴道排出污灰色或棕褐色的分泌物。乳腺受侵害时，轻的产奶量减少，重的乳汁发生明显的变化，呈絮状或黄色水样；乳房皮温增高、疼痛、坚硬。个别关节发炎，常见于跗关节和腕关节；间或发生多关节炎、腱鞘炎、滑液囊炎和皮下脓肿。公牛还可发生睾丸炎、阴茎炎等。

【预　防】

1．引进牛的检疫　引进牛时须先调查疫情，不从流行布氏杆菌病的单位引进，还必须经过布氏杆菌病检疫，证明无病才能引进。新引进的牛入场时隔离检疫1个月，经结核菌素和布氏杆菌病血清凝集试验，都呈阴性反应，才能转入健康牛群。

2．认真管好牲畜、粪便和水源　发现流产母牛要立即隔离，采取胎儿第四胃及胃内容物送实验室诊断，对流产胎儿、胎衣及羊水等污物都要严密消毒。

3．牛群定期检疫　对种公牛、奶牛每年进行两次定期检疫，检出的阳性牛要隔离饲养或作其他处理。阳性种公牛要淘汰，以便控制传染源，逐步净化牛群。

4．预防接种　认真落实以畜间免疫为主的综合防治措施，逐步控制和消灭布氏杆菌病。免疫可用布氏杆菌19号菌苗或布氏杆菌猪型2号菌苗。19号菌苗用皮下注射法免疫，5～8个月龄时接种1次，必要时在18～20个月龄时，即第一次配种前再接种1次，以后根据牛群布氏杆菌病流行情况，决定是否接种，对牛的免疫力6年内没有显著变化。孕牛不能接种。猪型2号菌苗适于口服接种，口服不受怀孕限制，可以在配种前1～2个月进行,也可以在孕期使用。每年服苗1次。对山羊和猪可以用注射法免疫,但对牛不能用这种疫苗注射。

5. 病牛产犊的处理　病牛产犊后立即将犊牛分开,单独喂养,在5～9个月内进行两次血清凝集试验,阴性者可以注射19号菌苗或口服猪型2号菌苗,以培养健康牛。

焦 虫 病

焦虫病是由焦虫引起的有季节性的寄生虫病。有的把焦虫叫梨形虫或血孢子虫。蜱是本病的传播媒介,蜱吸血时可将焦虫接种到牛的血液中。焦虫的种类较多,蜱的种类也较多,而且随着地区的温度不同,出没时间也不同,因此发病时间也不一致。

【症　状】 病牛体温升高,角根发热,食欲减退,反刍迟缓,心跳加快,胸壁震颤。由于红细胞大量破坏,病牛贫血,眼结膜苍白、黄染,有出血点,粪便带有粘液及血液。

【防　治】

1. 灭蜱　蜱也叫壁虱或草爬子。要根据蜱的生活习性采取措施。

(1) 牛体灭蜱　注意检查,对新引进的牛要隔离检查是否带蜱。发现牛体有蜱用手摘掉并且杀死。也可用药物灭蜱。

(2) 牛舍灭蜱　有些蜱在牛舍内生活,要在它们开始活动前彻底杀灭。方法包括地面换新土,墙壁用泥抹,堵死洞口,饲槽和木架用开水烫,室内喷洒药剂。

(3) 环境灭蜱　定期清理圈外杂草、瓦砾,保持环境卫生,实行牧场轮牧或用药剂灭蜱。

2．及早治疗病牛　根据焦虫病的种类选用适当的药物。

（1）血虫净　每千克体重5～7毫克，配成5%溶液肌内注射，连用3天，每次隔24小时，杀虫效果明显。对牛环行泰勒焦虫病，每千克体重4～7毫克肌内注射，对轻症病例效果良好。水牛对本品较敏感，每千克体重7毫克，用药1次比较安全。

（2）阿卡普林　又名焦虫素和硫酸喹啉脲，对牛的双芽焦虫病有效。早期用药1次便显效果，必要时隔24小时再用1次。肌内或皮下注射，每千克体重1毫克。本品对牛瑟氏及环行泰勒焦虫病效果较差。

（3）黄色素　又名锥黄素和盐酸吖啶黄，对牛双芽焦虫病有一定疗效。静脉注射每千克体重3～4毫克。注射速度要慢，以免引起反应。

（4）台盼蓝　又名锥蓝素，对牛双芽焦虫病有一定效果，但只能缓解症状，毒性较大，已少用。

（5）咪啉卡普　本品对焦虫病不仅有治疗作用，还可预防。每千克体重皮下注射1～2毫克，可以预防4周。

螨　病

螨病俗称癞，还叫疥癣病，是由螨虫引起的一种接触传染性皮肤病。寄生于牛的螨有疥螨、痒螨和皮螨之分。疥螨的卵3～4天孵化，反复蜕皮，2～3周内完成全部发育过程。痒螨的卵1～3天孵化，5～6天变为成螨。皮螨3周时间可完成一代的发育过程。

【症　状】　感染后的症状因螨的种类及数量不同而异。疥螨先发生在头颈，逐渐蔓延到肩背及全身。耳根、大腿内侧、乳房、阴囊及会阴部多发。病牛奇痒，摩蹭，皮面有小结节、水泡或痂皮，脱毛。痒螨多发生在长毛部或内股部，也可蔓延到四肢、躯干及全身。患部出现粟粒至黄豆大的结节，以后变成水泡及脓疱，破溃后流黄色渗出液，并形成痂皮。皮螨主要侵害肛门、尾根部，有时四肢也发生。

【防　治】

1．*注意清洁卫生*　保持牛舍干燥，刷具固定使用。

2．*新引入的牛要隔离检疫*　发现病牛及时治疗。

3．*及时治疗*　治疗时先剪去患部和附近健部的被毛，涂上软肥皂，第二天用温水洗净，刮去痂皮，干后涂药治疗。涂药可用滴滴涕乳剂或2%敌百虫水溶液。敌百虫用量每次不要超过10克，并尽量防止牛舔。每隔2～3天处理1次。在治疗的同时要对牛圈、用具进行消毒。

牛虱病

牛虱病是由牛毛虱和牛虱寄生而引起的一种皮肤病。这两种虱都在毛上产卵，5～10天孵化，数次蜕皮，2～3周后变为成虫。

【症　状】　牛毛虱以毛和表皮鳞片为食，牛虱以血为食。寄生部位发痒，病牛摩蹭、啃咬，因而造成损伤。大量寄生时，皮肤发炎，脱毛，严重病例形成痂皮。病牛不安、疲乏、消瘦。牛虱可成为某些疾病如锥虫病的传播媒介。

【防　治】

1．*检疫*　对外来牲畜隔离检疫，发现有虱寄生立即治疗。

2．*注意卫生*　刷拭用具要固定使用。牛舍要保持干燥清洁。

3．*及时治疗病牛*　治疗可用0.5%～1%敌百虫溶液喷擦皮肤。在治疗的同时对牛舍及饲养用具进行消毒。

肝片吸虫病

肝片吸虫病也叫肝蛭病，是牛的一种主要寄生虫病。肝片吸虫病的病原为肝片吸虫和大片吸虫。虫体寄生在牛的胆管里，能引起胆管炎、肝炎、肝硬变。病牛营养下降，奶牛产奶量减少，有时甚至引起死亡，对牛的危害较大。

肝片吸虫的虫卵随粪便排出体外，在水中孵出毛蚴，遇椎实螺(也叫缘桑螺)就钻进螺体，经过几个发育阶段，最后形成尾蚴，离开螺体进入水中。尾蚴附着在水生植物或其他物体上，脱去尾部形成囊蚴，牛吃草或饮水时吞入囊蚴而感染。囊蚴到达肠腔以后，幼虫就从囊中脱出，钻入肠壁，进入腹腔，到达肝脏，钻进胆管，在胆管里发育为成虫。本病除牛以外，羊、骆驼、猪、鹿、兔、马、犬、猫等都能感染。人也能感染。

本病常流行于潮湿多水的地区。夏季天热多雨，椎实螺大量繁殖，这时囊蚴增加，牛群感染的机会增多。

【症　状】 症状的轻重与虫体数量和牛的年龄、体质有关。一般不表现临床症状，严重感染时能引起发病。急性病例表现迟钝，腹泻，肝部压痛，有时突然死亡。慢性病例贫血，眼睑、颌下、胸下、腹下水肿，消瘦，毛干易断。母牛产奶量下降，有时流产。犊牛严重感染时影响发育，甚至引起死亡。

【防　治】

1. 消灭椎实螺　同时要注意不在有肝片吸虫病原的潮湿牧场或低洼地带放牧，也不要割这些地方的青草喂牛，不饮死水。夏季实行轮牧，在一块牧场放牧时间不要超过 1.5 个月。

2. 定期进行预防性驱虫　在本病的流行地区，对牛群进行有计划的驱虫，每年2～3次。驱虫时间根据各地流行本病的特点确定，原则上第一次在大批虫体成熟之前20～30天进行，第二次在虫体大部成熟时进行，经过2～2.5个月再进行第三次驱虫。驱虫后一定时间内排出的粪便必须集中处理，堆积发酵，进行生物热处理。

3．治疗

（1）硝氯酚　硝氯酚是驱除牛、羊肝片吸虫较为理想的药物，已代替四氯化碳、六氯乙烷等传统药物而广泛应用于临床。内服3～4毫克/千克体重，对成牛成虫的灭虫率达89%～100%，对犊牛成虫的灭虫率为76%～80%。若肌内注射应减少用量，以防中毒。肌内注射量为0.5～1毫克/千克体重。

（2）硫双二氯酚　每千克体重内服40～60毫克。

（3）溴酚磷（蛭得净）　每千克体重12毫克，1次灌服。

牛蛔虫病

牛蛔虫病是由牛蛔虫（又名犊新蛔虫、犊弓首蛔虫）寄生在牛的小肠引起的一种寄生虫病。2～4周龄的犊牛易感性最高，随着年龄的增长易感性逐渐降低。成年牛的症状不明显。除黄牛外水牛也可发病。牛新蛔虫个体较大，雄虫长11～15厘米，雌虫长14～30厘米。

【症　状】　病犊贫血、消瘦、腹胀，3～4周龄哺乳牛犊腹胀尤其严重。便秘下痢交替发生，并引起腹痛。有时出现神经症状，如神态不安、肌肉痉挛。在幼虫的移行阶段可出现呼吸加快、咳嗽等症状。

【防　治】

1．驱虫　每年早春和晚秋各进行1次预防性驱虫。

2．搞好牛舍卫生　搞好牛舍内外的卫生，清除粪便，堆肥发酵，进行生物热消毒，避免粪便污染草料和饮水。

3．药物治疗　治疗可选用下列药物。

(1) 枸橼酸哌嗪(驱蛔灵)　内服剂量每千克体重0.2克。有人认为效果良好，有人认为对牛、羊作用有限。

(2) 左咪唑(左噻咪唑、左四咪唑)　本品是四咪唑(驱虫净)的左旋体。四咪唑对牛新蛔虫等线虫的成虫驱除效果较好，但因安全范围较窄，已列为淘汰药品。左咪唑的驱虫作用比四咪唑强1倍，用半量就能产生与四咪唑相同的驱虫效果。用量每千克体重7.5毫克。

急性瘤胃臌气

急性瘤胃臌气又叫胀气或臌胀，主要是食入过量的易发酵的饲料，如过多采食开花前的紫云英，或突然喂给大量的甘薯藤、甘蔗尾，冬季喂干草转为初春放牧，吃过多嫩绿的青草或露水多的青草、或雨淋湿后和烈日下堆积的青草、或冰冻过的牧草和块根，以及采食发霉的饲料等，这些草料在瘤胃内强烈发酵，产生大量气体，使瘤胃急剧扩张。

【症　状】　病牛表现腹痛不安(时起时卧，回头顾腹)，拱背，摇尾，食欲、反刍、嗳气停止，呼吸急速。用手叩打右胁呈鼓音。如不及时救治，可在短期内窒息死亡。

【治　疗】

1．排气　遇到急性胀气病情严重时应迅速放气。用套管针(或粗长的针)在右肷臌胀最高处，与皮肤成90°角，用力刺入瘤胃，拉出针心，用食指轻按套管针口，慢慢放气。注意放气不能过急、过多，否则会引起脑贫血。

2．制酵　制酵药有下面几种，可选用。①碳酸氢钠50～

100 克，开水服用。②鱼石脂 10～15 克，松节油 20～30 毫升，酒精 30～40 毫升，配成合剂，加水 2 000 毫升灌服。③鱼石脂 10～30 克，加酒精 30～40 毫升，配成合剂，加水 1 000 毫升灌服。

【预　防】　加强饲养管理，防止过食，尤其是不要过多采食易发酵的饲料和发霉的饲料。

瘤胃积食

瘤胃积食是牛常见病之一。其原因是吃了过多的饲料，包括精料和劣质的粗饲料在瘤胃内滞留。过度疲劳，运动不足，长期营养不良，也是引发瘤胃积食的因素。

【症　状】　患牛食欲、反刍减少或停止，左腹部膨大。

【治　疗】　停喂病牛 1～2 天，多次少量饮水或喂给粥水，以便排出胃内容物。

1．口服泻药　用盐类泻剂硫酸镁或硫酸钠 500～800 克或植物油 500～1 000 毫升，加适量温水灌服。随后灌服大量饮水，再用健胃剂如番木鳖酊 10～30 毫升，或八角茴香酯 20～100 毫升，加水灌服。

2．防腐制酵　大蒜酊 40～80 毫升内服，或鱼石脂 15～30 克，酒精 50～100 毫升，溶解，加水，1 次灌服。

3．促进瘤胃蠕动　静脉注射 40%～50% 葡萄糖溶液 250 毫升，10% 氯化钠溶液 250 毫升。

【预　防】

1．注意饲喂　饲喂要定时、定量，不要 1 次喂过多质低而粗硬的饲料，也不要让牛偷吃过多精料。

2．注意运动　适当使役，但吃饱后不宜马上使役。

营养衰竭症

营养衰竭症也称“坐栏病”。主要由于长期饲料不足，营养不良，体质衰弱，劳役过度所致。多发于冬末春初期间。

【症　状】 病牛常卧地不起，精神沉郁，甚至昏迷。

【治　疗】

1．*营养疗法*　第一疗程，米1千克煮粥，加入鸡蛋4～5个，冲米酒300～400毫升喂饲，每天晚上1次，连喂10天。第二个疗程，米粥500克，加鸡蛋2个，冲米酒150～200毫升喂饲，每天晚上1次，连喂10天。第三个疗程，鸡蛋2个，米酒150～200毫升，混合喂饲，每天晚上1次，连喂5天。

2．*药物疗法*　50%葡萄糖注射液500毫升，10%安钠咖注射液20毫升混合静脉注射，每天1次，连用7～10天。

【预　防】 加强平时的饲养管理，冬天适当补料，防寒保暖，合理使役。

中　暑

在炎热的季节，于烈日暴晒下重劳役或拥挤在不通风的牛舍内，使牛体散热困难，热量积蓄过多，导致急性脑充血而引发本病。

【症　状】 病牛突然倒地，张口伸舌，呼吸急促，可视粘膜紫红色，体温升高，流粉红色泡沫状的鼻涕，严重者昏迷、抽搐而死。

【治　疗】 先将病牛移到阴凉的地方，并用大量冷水泼头部和身体，灌服大量冷盐水，然后给予药物治疗。

1．*强心补液*　颈静脉放血1 000毫升，随后用25%盐酸氯丙嗪注射液10～20毫升，葡萄糖氯化钠注射液1 000～

2 000 毫升,20%安钠咖注射液 10 毫升混合静注。

2．兴奋呼吸中枢　如果病牛昏迷,可用 25%尼可刹米 10～20 毫升肌注,或 20%安钠咖注射液 10 毫升肌注。

【预　防】 炎热季节不宜在烈日下重劳役,最好安排早上或下午 3 点钟后使役。同时,劳役不应过量,以免影响牛只健康。

感　冒

感冒是由于气候的骤变,机体受寒而引起的一种急性全身性的热性病,不同年龄的牛都可发生。

【症　状】 病牛精神沉郁,食欲、反刍减退,畏寒,毛松,体温升高,鼻镜干燥,不愿走动。

【治　疗】 可用百尔定注射液 10～15 毫升或安乃近注射液 10～30 毫升肌内注射。若为风热感冒可用银翘解毒丸或羚翘解毒丸 15 个(小牛减半),捣碎用水冲服,每天 2 次。

肺　炎

肺炎是犊牛常见病之一,尤其是初生至 2 月龄的犊牛发生较多。原因主要是饲养管理不当,导致病菌感染所致。

【症　状】 患牛不吃,喜卧,鼻镜干,体温高,精神沉郁,咳嗽,鼻孔有分泌物流出。

【治　疗】 采用药物治疗,加上护理配合。

1．抗生素治疗　青霉素,按每千克体重 1.3 万～1.4 万单位,链霉素 3 万～3.5 万单位,加适量注射水,每日肌注 2～3 次,连用 5～7 天。

2．磺胺治疗　病重者可静注磺胺二甲基嘧啶(每千克体重 70 毫克),维生素 C(每千克体重 10 毫克),维生素 B_1(每千克体重30～50毫克)，5%葡萄糖盐水500～1 500毫升，每日注射2～3次。

【预　防】 合理饲养怀孕母牛，使母牛得到必需的营养，以便生产体质健壮的犊牛。保持牛舍清洁干燥，通风透光，防止贼风。

犊牛消化不良

消化不良为犊牛常发病之一。原因较多，主要是饲养管理不妥或细菌感染引起。如母牛营养不足，使初生犊牛体弱，抵抗力低，过迟喂给初奶或喂奶不定时、不定温、不定量，饲料和奶质不佳，犊牛舔食污物等，均为引发本病的因素。

【症　状】 患犊腹泻，粪便稀且常带恶臭。

【治　疗】

1．*抗生素治疗*　土霉素、四环素、金霉素，每千克体重每日75～100毫克，分3次服，连服5～7天。金霉素、氯霉素，每千克体重每日50～75毫克，分3次服，连服3～5天。

2．*磺胺治疗*　磺胺脒(SG)、磺胺二甲基嘧啶(SM_2)，每千克体重每天0.3～0.4克，分2～3次服，次日起减半，连用5～7天，同时服等量或半量碳酸氢钠。

【预　防】 ①合理饲养怀孕母牛，确保初生犊牛体壮少病。②及时给初生犊喂初奶，且要定时、定温、定量，保持清洁卫生。③增加运动和光照，提高犊牛的抵抗力。

胎衣不下

如果母牛分娩后超过12小时胎衣仍未排出便为胎衣不下。舍饲的母牛较为常见。胎衣不下的原因很多，如怀孕后期劳役过度，舍饲奶牛运动不足；饲料单纯，缺乏钙盐和其他无机盐及维生素 A；年老体弱，过肥，过瘦，胎儿过大或双胎，胎水过多，子宫扭转；难产或助产时间过长以及怀孕期间子宫感染等。胎衣滞留在子宫内时间过长，会发生腐烂、发臭，如果腐败分解物质被母牛吸收就会导致全身中毒。

胎衣不下的病牛如不及时治疗，易继发子宫内膜炎，使产后发情不正常或受孕后易于流产，甚至不孕。

【症　状】 全部胎衣不下，阴门外看不到胎衣或仅有少量悬于阴门外。部分胎衣不下，见到大部分胎衣悬于阴门外。有的由于胎衣腐败引起脓毒败血症。个别牛可引起子宫脱出。

【治　疗】

1．*药物治疗*　①子宫内注人 5%～10% 氯化钠溶液 300～500 毫升。②子宫内置入抗生素胶囊，如金霉素胶囊 6～8 个，或用生理盐水 200～300 毫升溶解金霉素、土霉素或氯霉素 2～5 克后注入子宫粘膜和胎衣间。

2．*手术剥离*　尽可能用药物治疗，如果药物治疗不显效果则采用手术剥离，具体施术最好请兽医。

乳　房　炎

乳房炎是奶牛的一种多发病。牛群发生乳房炎，由于产奶量明显下降和花费防治费用，从而造成经济损失。

引起乳房炎的细菌和病毒很多，其中主要是链球菌和葡萄球菌。链球菌在患病牛群乳房的皮肤上随时都能找到，它还能附着在乳房以外的器物上，可以通过挤奶人的手和器物造成感染。葡萄球菌到处存在，在正常情况下，可以在乳房的皮肤上、健康牛的乳头管和乳池中找到。乳房的葡萄球菌感染多是从乳头管顺着泌乳管道上行而发生的。

牛发生乳房炎是由上述条件病原菌和其他诱因共同作用的结果。这些因素主要包括牛舍潮湿、通风不良、粪尿不及时清扫，洗乳房的水不清洁，没有严格执行清洗消毒等挤奶规程，奶汁没有完全挤干，挤奶动作不当，机器挤奶电压不稳、负压过高、抽吸频率不稳而使泌乳管道上皮受到损伤等等。

【症　状】 乳房感染部分肿胀、皮肤发红、温度增高，有痛感。产奶量明显减少，严重时奶汁稀薄带血或呈絮状，甚至带有脓块。

【预　防】

1. *注意清洁卫生*　厩床保持干燥，不要有粪尿积留，垫草要干燥、柔软，牛体要每天刷拭，保持干净。

2. *合理饲养*　产前和产后1～2周内适当控制催乳性饲料，以免催乳过急。

3. *注意产后护理*　尽量避免恶露污染牛的后躯。注意保护乳房，防止发生外伤，对于较大、特别是下垂的乳房尤应注意保护。

4. *注意挤奶卫生*　严格执行挤奶操作规程，挤奶前用40～50℃温水洗净乳房，先用带水较多的湿毛巾擦洗，最后用拧干的毛巾擦净。挤奶员的指甲要剪短磨光，经常注意手的卫生，挤奶前要洗净双手。挤奶时要注意操作方法，不要拉长奶头捋奶。机器挤奶负压不要过高，频率不要过快过慢，防止空挤。挤奶后用药液浸浴乳头，常用的药液有3%～5%次氯酸钠、0.5%碘酒、0.5%洗必泰、0.1%新洁尔灭等。

5. *随时检查乳房和奶汁的情况*　每4～6个月进行1次乳房炎普查，发现病牛及早治疗。

【治　疗】 对病牛和潜在排菌牛作隔离治疗。对长期排菌和有严重病变的牛及早淘汰。治疗乳房炎要根据不同病情采取适当疗法。炎症初期冷敷,以后热敷或涂鱼石脂软膏或碘软膏。脓肿波动时需切开排脓治疗。一般向乳池内注入有抑菌或杀菌作用而没有刺激性的药物,这是一种很好的办法。先用温水洗并由上向下按摩乳房,使输乳管里的絮状物和凝块排入乳池,全部挤净。而后将乳导管轻轻插入乳头,向乳池内注入药物,注入后用手指捏住乳头基部轻轻向上按摩,使药物向上扩散。常用的药物有青霉素溶液 30 万~80 万单位,或青霉素与链霉素混合溶液。如果病原菌对青霉素有耐药性则可用四环素治疗。不论哪种药物,都要每 24 小时注入 1 次,连注 3 次。伴有全身症状时肌内注射青霉素200 万~240 万单位,每隔 6~8 小时注入 1 次,同时注射链霉素,可获得更好的效果。

腐 蹄 病

腐蹄病是舍饲奶牛较多见的一种肢蹄病。原因是饲养管理不当,如果饲料日粮中钙、磷不平衡或牛舍潮湿不洁,或运动场低洼、泥泞,或运动场上碎石多,造成蹄部受伤,被细菌感染而发生本病。

【症 状】 腐蹄病的牛,患蹄着地疼痛,跛行,食欲不旺,逐渐消瘦,产奶量下降,严重时蹄部化脓而导致败血症。

【治 疗】 ①用 10%硫酸铜溶液浸蹄。②趾间用消毒液洗后,擦干净,涂上碘酒或撒布磺胺粉、青霉素粉、碘仿硼酸粉(各等分)等,然后用绷带包扎。③患部及瘘管用金霉素鱼肝油合剂或用硫酸铜粉末敷治,再加松馏油鱼石脂棉球,外部用绷带包扎,并满涂松馏油。

【预 防】 本病应以预防为主,方法是:

1. 合理配合日粮　日粮中除含一定能量、蛋白质外,还要有一定的无机盐，而且钙、磷尽可能平衡。

2．搞好清洁卫生　保持牛舍及运动场清洁、干燥，清除运动场上的碎石、尖锐物体。

3．加强运动　促进血液循环，增强蹄质，提高抵抗力。定期检修牛蹄。

附　录

一、牛常用饲料成分及其营养价值

牛常用饲料的成分及其营养价值见下表：

牛常用饲料成分及营养价值

饲料名称	干物质（%）	产奶净能（兆焦/千克）	奶牛能量单位（NND/千克）	肉牛能量单位（RND/千克）	粗蛋白质（%）	可消化粗蛋白质（%）	粗纤维（%）	钙（%）	磷（%）
象 草	20.00	1.13	0.36	0.13	2.00	1.20	7.00	0.15	0.02
黑麦草	18.00	1.18	0.37	0.14	3.30	2.40	4.20	0.13	0.05
野青草	25.30	1.26	0.40	0.14	1.70	1.00	7.10	0.24	0.03
甘薯藤	13.00	0.72	0.22	0.08	2.10	1.40	2.50	0.20	0.05
玉米青贮	22.70	1.13	0.36	0.12	1.60	0.80	6.90	0.10	0.06
苜蓿青贮	32.70	1.64	0.52	0.16	5.30	3.20	12.80	0.50	0.10
甘薯蔓青贮	18.30	0.76	0.24	0.08	1.70	0.70	4.50	—	—
甘 薯	25.00	1.87	0.59	0.26	1.00	0.60	0.90	0.13	0.05
胡萝卜	12.00	0.93	0.29	0.13	1.10	0.80	1.20	0.15	0.09
甜 菜	15.00	0.97	0.31	0.12	2.00	—	1.70	0.06	0.04
马铃薯	22.00	1.64	0.52	0.23	1.60	0.90	0.70	0.02	0.03
干羊草	91.60	4.31	1.38	0.46	7.40	3.70	29.40	0.37	0.18
野干草	85.2	3.90	1.25	0.42	6.80	4.30	27.5	0.41	0.31
苜蓿干草	92.40	5.15	1.64	0.56	16.80	11.10	29.50	1.95	0.28
玉米秸	90.00	4.69	1.49	0.45	5.90	2.00	24.9	—	—

续表

饲料名称	干物质（%）	产奶净能（兆焦/千克）	奶牛能量单位（NND/千克）	肉牛能量单位（RND/千克）	粗蛋白质（%）	可消化粗蛋白质（%）	粗纤维（%）	钙（%）	磷（%）
小麦秸	89.60	3.65	1.16	0.28	5.60	0.80	31.90	0.05	0.06
稻草	89.40	3.65	1.16	0.33	2.50	0.20	24.10	0.07	0.05
干甘薯藤	88.00	4.23	1.34	0.45	8.10	3.20	28.50	1.55	0.11
干花生蔓	91.30	4.82	1.54	0.53	11.00	8.80	29.60	2.46	0.04
玉米	88.40	7.16	2.28	1.00	8.60	5.90	2.00	0.08	0.21
高粱	89.30	6.53	2.09	0.88	8.70	5.00	2.20	0.09	0.28
大麦	88.80	6.70	2.13	0.89	10.80	7.90	4.70	0.12	0.29
稻谷	90.40	6.41	2.04	0.86	8.30	4.80	8.50	0.13	0.28
燕麦	90.3	6.66	2.13	0.86	11.60	9.00	8.90	0.15	0.33
小麦	91.80	7.54	2.39	1.03	12.10	9.40	2.40	0.11	0.36
玉米皮	87.9	4.94	1.58	0.57	10.10	5.30	13.80	0.25	0.35
小麦麸	88.60	6.03	1.91	0.73	14.40	10.90	9.20	0.18	0.78
米糠	90.20	6.78	2.16	0.89	12.10	8.70	9.20	0.14	1.04
菜籽饼	90.6	8.29	2.64	0.92	43.00	36.60	5.70	0.32	0.50
棉籽饼	89.60	7.33	2.34	0.82	32.50	26.30	10.70	0.27	0.81
花生饼	89.90	8.54	2.71	0.92	46.40	41.80	5.80	0.24	0.52
酒糟	37.70	3.02	0.96	0.38	9.30	6.70	3.4	—	—
玉米粉渣	15.00	1.22	0.39	0.16	2.80	1.50	1.40	0.02	0.04
马铃薯粉渣	15.00	0.93	0.29	0.12	1.00	—	1.30	0.06	0.04
啤酒糟	23.40	1.59	0.51	0.17	6.80	5.00	3.90	0.09	0.18
甜菜渣	8.40	0.51	0.16	0.06	0.90	0.50	2.60	0.08	0.05
豆腐渣	24.30	2.10	0.66	0.21	7.10	4.80	3.30	0.11	0.03

续表

饲料名称	干物质（%）	产奶净能（兆焦/千克）	奶牛能量单位（NND/千克）	肉牛能量单位（RND/千克）	粗蛋白质（%）	可消化粗蛋白质（%）	粗纤维（%）	钙（%）	磷（%）
骨粉(天津)	94.50							31.26	14.17
骨粉(浙江)	95.2							36.39	16.37
石粉(广东)	风 干							42.21	微量
石粉(广东)	风 干							55.67	0.11
石粉(昆明)	92.10							33.98	0
石粉(河南)	97.10							39.49	—

二、名词术语解释

饲料　饲料一般是指畜禽喜食且含有一定营养成分而又无毒害的物质。

配合饲料　是指按畜禽营养需要，由多种饲料配合而成的饲料。

饲养标准　根据畜禽的不同种类、年龄、性别、体重、生产目的、生产水平，以及生产实践中所积累的经验，结合饲养试验和代谢试验的结果，科学地规定一头家畜（禽）每天应给的各种营养物质的数量。

饲料总能(GE)　饲料在密闭测热器中燃烧后所产生的全部热能，称为饲料总能或称为饲料粗能。

消化能(DE)　指饲料中可消化物质的含能量，即饲料总能减去粪中损失的能量（粪能是家畜食入的饲料不能消化而由粪中排泄的干物质燃烧后所产生的热能）。

代谢能(ME)　由消化能减去尿中损失能和肠胃中发酵

产生甲烷气损失能。代谢能可被畜禽直接利用,也称为可利用能。

净能(NE) 饲料的净能,就是饲料的代谢能减去体增热(家畜采食后所发的热量,称为体增热)。净能是完全可为畜体利用的能量。这种能量一部分用于维持生命活动,另一部分用于生产产品。

NND 奶牛能量单位

RND 肉牛能量单位

饲料的总消化养分(TDN) 是饲料中可消化粗蛋白、粗脂肪、粗纤维、无氮浸出物的总和。TDN = 可消化粗蛋白% + 可消化粗脂肪% ×2.25 + 可消化粗纤维% + 可消化无氮浸出物%。

粗蛋白质 指饲料中含氮物质的总称。包括真蛋白质和非蛋白质含氮物质。

氨基酸 即含有氨基($-NH_2$)和羧基($-COOH$)的有机酸,它是组成蛋白质的基本单位。

必需氨基酸 指在畜禽体内不能合成或合成的速度及数量不能满足畜禽正常生长需要,而必须由饲料供给的、且维持氮平衡所必需的氨基酸。

非必需氨基酸 在畜禽体内可以合成或畜禽需要量较少,不一定要通过饲料供给的氨基酸,称为半必需氨基酸或非必需氨基酸。

限制性氨基酸 是指饲料中任何一种必需氨基酸缺少正常需要的数量时,就会限制饲料中其他一些必需氨基酸在畜体内的利用程度,从而降低饲料蛋白质的营养价值。这种氨基酸称为限制性氨基酸。

可消化粗蛋白质 饲料中可以被家畜消化的粗蛋白质。

蛋白质生物学价值 饲料蛋白质被家畜消化吸收后的利用率，即饲料蛋白质在畜体中存留量占饲料蛋白质消化量的百分数。

粗脂肪 又叫“乙醚提出物”。即饲料中能被乙醚所溶解的物质，总称为粗脂肪。其中包括真脂肪、麦角固醇、胆固醇、脂溶性维生素、叶绿素等。

糖类 又称碳水化合物，是一类含碳、氢、氧元素的有机物。其中氢和氧的比例，大多数为2:1，与水中的氢和氧的比例相同，故这类化合物常称为碳水化合物。

粗纤维 它是植物性饲料细胞壁的主要组成部分，其中含有纤维素、半纤维素及木质素等。

饲料干物质 即饲料脱水后的剩余物质。

饲料的适口性 是指饲料为家畜喜爱吃的特性。

全价日粮 又叫平衡日粮，指能完全满足家畜对各种营养物质需要量的日粮。

饲料消化率 消化率又叫消化系数，是指饲料中某一养分被消化吸收部分占该养分总量的百分比。例如：

粗蛋白质的消化率(%)

$$=\frac{\text{饲料中粗蛋白质量}-\text{粪中粗蛋白质量}}{\text{饲料中粗蛋白质量}}\times 100$$

出栏率 指期内出售肥育牛数占期初存栏牛数的百分比。

$$\text{出栏率}(\%)=\frac{\text{期内出售肥育牛头数}}{\text{期初存栏头数}}\times 100$$

尿素 一种氨化物。1千克尿素的含氮量(42%～46%)

相当于7～8千克的油饼，或26～28千克禾本科子实所含的氮量。在畜牧生产中，尿素可用来饲喂反刍家畜代替一部分饲料蛋白质。

猪伪狂犬病及其防制 9.00
图说猪高热病及其防治 10.00
仔猪疾病防治 11.00
猪病针灸疗法 5.00
奶牛疾病防治 12.00
牛病防治手册(修订版) 15.00
奶牛场兽医师手册 49.00
奶牛常见病综合防治技术 16.00
牛病鉴别诊断与防治 10.00
牛病中西医结合治疗 16.00
牛群发病防控技术问答 7.00
奶牛胃肠病防治 6.00
奶牛肢蹄病防治 9.00
牛羊猝死症防治 9.00
羊病防治手册(第二次修订版) 14.00
羊病诊断与防治原色图谱 24.00
羊霉形体病及其防治 10.00
兔病鉴别诊断与防治 7.00
兔病诊断与防治原色图谱 19.50
鸡场兽医师手册 28.00
鸡鸭鹅病防治(第四次修订版) 18.00
鸡鸭鹅病诊断与防治原色图谱 16.00
鸡产蛋下降综合征及其防治 4.50
养鸡场鸡病防治技术(第二次修订版) 15.00
养鸡防疫消毒实用技术 8.00
鸡病防治(修订版) 12.00
鸡病诊治150问 13.00
鸡传染性支气管炎及其防治 6.00
鸭病防治(第4版) 11.00
鸭病防治150问 13.00
养殖畜禽动物福利解读 11.00
反刍家畜营养研究创新思路与试验 20.00
实用畜禽繁殖技术 17.00
实用畜禽阉割术(修订版) 13.00
畜禽营养与饲料 19.00
畜牧饲养机械使用与维修 18.00
家禽孵化与雏禽雌雄鉴别(第二次修订版) 30.00
中小饲料厂生产加工配套技术 8.00
青贮饲料的调制与利用 6.00
青贮饲料加工与应用技术 7.00
饲料青贮技术 5.00
饲料贮藏技术 15.00
青贮专用玉米高产栽培与青贮技术 6.00
农作物秸秆饲料加工与应用(修订版) 14.00
秸秆饲料加工与应用技术 5.00
菌糠饲料生产及使用技术 7.00
农作物秸秆饲料微贮技术 7.00
配合饲料质量控制与鉴别 14.00
常用饲料原料质量简易鉴别 14.00
饲料添加剂的配制及应用 10.00